Excelでわかる機械学習超入門

AIのモデルとアルゴリズムがわかる

涌井良幸　涌井貞美　著

技術評論社

はじめに

　新聞やテレビの報道において、毎日といっても過言ではないほど、AI（人工知能）や、それを応用したロボットが話題になっています。

　「AIがプロ棋士に勝つ」
　「AIがCT画像から医師以上にガン患部を発見」
　「ロボットが人の話を聞いて道案内」
　「ロボットが投資判断」
　「AIによる自動運転が自動車業界に革命をもたらす」
　「AIやロボットに仕事を奪われる」

　どれかひとつは、「先日、報道されていた」と思いあたることでしょう。
　さらに極めつきの話題があります。「シンギュラリティー」と呼ばれる予測です。
　「2045年に人工知能が人間の知性を超える」
　そのような時代が到来したとき、人はどう人工知能と向き合えるのか、さかんに議論されています。
　さて、このAIの時代において、万人がAIのしくみについて、しっかりした理解をしておくことは大切でしょう。得体の知れないものに自分の病気を診断されたり、しくみも知らない自動運転の車に乗ったり、はたまた何を考えているかわからないロボットと仕事場を共有するというのは、なんとも不気味です。さらに、「AIで大量失業」と脅かされると、AIに対して無用な恐怖心さえ持ってしまいます。
　本書は、このように話題沸騰のAIについて、そのしくみを基本から解説した

超入門書です。図を多用してモデルとアルゴリズムを解説し、Excelでそれを確かめるというスタイルを用いています。多くの人が「AIはこのような考え方で判断を下しているのだ！」ということを実感できるように構成しています。

　細かい数学的な議論をしなければ、AIのしくみはそれほど難しいものではありません。その面倒な数学の部分をExcelで補完すれば、多くの読者にとってAIはなじみやすい分野のひとつとなるでしょう。

　「AIのしくみ」といっても、その世界は広く、当然1冊に収まるテーマではありません。本書は現在よく取り上げられるテーマに絞って、それを解説しています。内容に乏しく偏りがあると思われる際にはご容赦ください。しかし、本書で取り上げた内容が理解されれば、話題のAIについて十分対応できると自負しています。基本的なしくみには普遍性があるからです。

　最後になりましたが、本書の企画から上梓まで一貫してご指導くださった技術評論社の渡邉悦司氏にこの場をお借りして感謝の意を表させていただきます。

2019年初夏　著者

目次

本書の使い方 009

1章 機械学習の基本

§1 機械学習とAI、そして深層学習 012
- AIとは 012
- AI、機械学習、ディープラーニング 012
- 機械学習の役割 014

§2 教師あり学習と教師なし学習 015
- AIのためのデータ 015
- 教師あり学習と教師なし学習、強化学習 015

2章 機械学習のための基本アルゴリズム

§1 モデルの最適化と最小2乗法 018
- 最適化とは 018
- 最小2乗法 019
- Excelで最小2乗法 019
- データの大きさとパラメーター数 021
- Excel実習 021

§2 最適化計算の基本となる勾配降下法 025
- 勾配降下法のアイデア 025
- 近似公式と内積の関係 027
- 勾配降下法の基本式 028
- 勾配降下法のとその使い方 029
- 3変数以上の場合に勾配降下法を拡張 030
- ηの意味と勾配降下法の注意点 031
- Excelで勾配降下法 031

§3 ラグランジュの緩和法と双対問題 035
- ラグランジュの緩和法 035
- ラグランジュ双対問題 036
- 具体的に計算 037
- Excelで確認 038

§4 モンテカルロ法の基本 040
- モンテカルロ法でπを算出 040

- ▶ Excelでモンテカルロ法 ……………………………………… 041

§5 遺伝的アルゴリズム ……………………………………………… 043
- ▶ 遺伝的アルゴリズムで最小値問題を解く …………………… 043
- ▶ xの候補を選び2進数表示 …………………………………… 044
- ▶ 環境に適合するものを「選択」 ……………………………… 044
- ▶ 優れた個体を作るために「交叉」させる …………………… 045
- ▶ 突然変異 ………………………………………………………… 045
- ▶ 以上の3操作を何回も繰り返す ……………………………… 046
- ▶ Excelで遺伝的アルゴリズム ………………………………… 046

§6 ベイズの定理 ……………………………………………………… 049
- ▶ 条件付き確率 …………………………………………………… 049
- ▶ 乗法定理 ………………………………………………………… 050
- ▶ ベイズの定理 …………………………………………………… 050
- ▶ ベイズの定理の解釈 …………………………………………… 051
- ▶ 原因の確率 ……………………………………………………… 052
- ▶ ベイズの定理をアレンジ ……………………………………… 053
- ▶ 尤度、事前確率、事後確率 …………………………………… 054
- ▶ 有名な例題でベイズの定理を確認 …………………………… 056
- ▶ ベイズの定理は学習を表現 …………………………………… 058
- ▶ Excelでベイズの定理 ………………………………………… 058

3章 回帰分析

§1 重回帰分析 ………………………………………………………… 062
- ▶ 重回帰分析 ……………………………………………………… 062
- ▶ 重回帰分析の回帰方程式のイメージ ………………………… 063
- ▶ 回帰方程式の求め方 …………………………………………… 063
- ▶ 回帰方程式で分析 ……………………………………………… 065

§2 重回帰分析をExcelで体験 …………………………………… 066
- ▶ Excelで回帰分析 ……………………………………………… 066

4章 サポートベクターマシン (SVM)

§1 サポートベクターマシン (SVM) のアルゴリズム ……… 072
- ▶ 具体例で見てみよう …………………………………………… 072
- ▶ マージンの最大化を式で表現 ………………………………… 074
- ▶ 双対問題に変換 ………………………………………………… 077
- ▶ 計算しやすいように変形 ……………………………………… 079

005

▶ サポートベクターと定数項 c を求める　080

§2 **サポートベクターマシン（SVM）をExcelで体験**　081
▶ ExcelでSVM　081

5章 ニューラルネットワークとディープラーニング

§1 **ニューラルネットワークの基本単位のユニット**　086
▶ ニューラルネットワークとその基本単位のユニット　086
▶ 重みと閾値、活性化関数の値の意味　088
▶ 「入力線形和」の内積表現　088
▶ Excelでユニットの働きを再現　089

§2 **ユニットを層状に並べたニューラルネットワーク**　091
▶ 具体例で考えよう　091
▶ ユニット名とパラメーター名の約束　092
▶ ネットワークを式で表現　094
▶ ニューラルネットワークの出力の意味　096
▶ 重みと閾値の決め方と目的関数　098
▶ 誤差逆伝播法の必要性　099
▶ 平方誤差の式表現　099

§3 **誤差逆伝播法（バックプロパゲーション法）**　101
▶ 目的関数は複雑　101
▶ 目的関数 E の勾配は平方誤差の勾配の和　103
▶ ユニットの誤差 δ の導入　103
▶ 勾配をユニットの誤差 δ から算出　104
▶ 出力層の「ユニット誤差」δ_j^O を算出　104
▶ 誤差逆伝播法から中間層の「ユニット誤差」δ_j^H を求める　105

§4 **誤差逆伝播法をExcelで体験**　107
▶ Excelで誤差逆伝播法　107
▶ 新たな数字でテスト　116

6章 RNNとBPTT

§1 **リカレントニューラルネットワーク（RNN）のしくみ**　120
▶ 具体例で考える　120
▶ データの形式と正解ラベル　121
▶ ニューラルネットワークに記憶を持たせたRNN　122
▶ 数式化の準備　123

- ▶ ユニットの入出力を数式で表現 ... 124
- ▶ 具体的に式で表してみる ... 126
- ▶ 最適化のための目的関数を求める ... 127

§2 バックプロパゲーションスルータイム (BPTT) ... 129
- ▶ ユニットの誤差 δ と勾配 ... 129
- ▶ 勾配の計算式を導出 ... 130
- ▶ δ_k^O、$\delta_j^{H(2)}$、$\delta_i^{H(1)}$ の関係を漸化式で表現 ... 131

§3 BPTTをExcelで体験 ... 133
- ▶ ExcelでBPTT ... 133

7章 Q学習

§1 強化学習とQ学習 ... 144
- ▶ 強化学習の代表がQ学習 ... 144
- ▶ Q学習をアリから理解 ... 145
- ▶ 機械学習と強化学習 ... 146

§2 Q学習のアルゴリズム ... 147
- ▶ Q学習を具体例で理解 ... 147
- ▶ アリから学ぶQ学習の言葉 ... 148
- ▶ Q値 ... 150
- ▶ Q値が書かれる具体的な場所 ... 151
- ▶ Q値の表とアリとの対応 ... 152
- ▶ 即時報酬 ... 153
- ▶ Q学習の数式で用いられる記号の意味 ... 153
- ▶ Q値の更新 ... 154
- ▶ 学習率 ... 156
- ▶ Q学習の記号で再表現 ... 158
- ▶ ε-greedy法でアリに冒険させる ... 159
- ▶ 学習の終了条件 ... 161

§3 Q学習をExcelで体験 ... 162
- ▶ ワークシート作成上の留意点 ... 162
- ▶ ExcelでQ学習 ... 164

8章 DQN

§1 DQNの考え方 ... 174
- DQNのしくみ ... 174

§2 DQNのアルゴリズム ... 177
- アリから学ぶDQN ... 177
- DQNの入出力 ... 178
- DQNの目的関数 ... 180

§3 DQNをExcelで体験 ... 182
- 例題の確認 ... 182
- ニューラルネットワークと活性化関数の仮定 ... 183
- 最適化ツールとしてソルバー利用 ... 184
- ExcelでDQN ... 185

9章 ナイーブベイズ分類

§1 ナイーブベイズ分類のアルゴリズム ... 194
- ベイズフィルターのしくみ ... 194
- ナイーブベイズ分類 ... 195
- 具体例を見る ... 195
- 問題をベイズ風に整理 ... 196
- 公式を用意 ... 196
- 事前確率の設定 ... 197
- ベイズ更新をフルに活用 ... 197

§2 ナイーブベイズ分類をExcelで体験 ... 200
- Excelでナイーブベイズ分類 ... 200

付録

§A ニューラルネットワークの訓練データ ... 204
§B ソルバーのインストール法 ... 205
§C 機械学習のためのベクトルの基礎知識 ... 208
- ベクトルの成分表示 ... 208
- ベクトルの内積 ... 209
- コーシー・シュワルツの不等式 ... 210

§D 機械学習のための行列の基礎知識 ... 211

- ▶ 行列とは ……………………………………………………… 211
- ▶ 行列の和と差、定数倍 ………………………………… 212
- ▶ 行列の積 …………………………………………………… 212
- ▶ アダマール積 ……………………………………………… 213
- ▶ 転置行列 …………………………………………………… 213
- ▶ 行列は式を簡潔化する ………………………………… 214

§E 機械学習のための微分の基礎知識 …… 216
- ▶ 微分の定義と意味 ………………………………………… 216
- ▶ 機械学習で頻出する関数の微分公式 ………………… 217
- ▶ 微分の性質 ………………………………………………… 217
- ▶ 1変数関数の最小値の必要条件 ……………………… 218
- ▶ 多変量関数と偏微分 …………………………………… 219
- ▶ 多変量関数の最小値の必要条件 ……………………… 220
- ▶ チェーンルール ………………………………………… 221

§F 多変数関数の近似公式 ………………………… 225
- ▶ 1変数関数の近似公式 ………………………………… 225
- ▶ 2変数関数の近似公式 ………………………………… 226
- ▶ 多変数関数の近似公式 ………………………………… 226

§G NNにおけるユニットの誤差と勾配の関係 … 228

§H NNにおけるユニットの誤差の「逆」漸化式 … 231

§I RNNにおけるユニットの誤差と勾配の関係 … 233

§J BP、BPTTで役立つ漸化式の復習 …… 236
- ▶ 数列の意味と記号 ………………………………………… 236
- ▶ 数列と漸化式 ……………………………………………… 236

§K RNNにおけるユニットの誤差の「逆」漸化式 … 238
- ▶ 式 [K3] の証明 …………………………………………… 239
- ▶ 式 [K5] の証明 …………………………………………… 239
- ▶ 式 [K4] の証明 …………………………………………… 240

§L 重回帰方程式の求め方 ………………………… 242

Excel サンプルファイルのダウンロードについて ……………… 244
索引 ………………………………………………………………… 245

本書の使い方

- 本書は現代のAIの基本となるモデルとアルゴリズムを、Excelを利用して理解することを目的とします。掲載のワークシートはExcel 2013、2016で動作を確かめてあります。サンプルファイルのダウンロードは244ページを参照してください。

- 本書はAIのアルゴリズムの基本的な解説を目的としています。そこで、図を多用し、具体例で解説しています。そのため、厳密性に欠ける箇所があることはご容赦ください。

- 高校数学2年生程度の数学の知識を仮定しています。それ以上の数学の知識については、付録で確認しています。

- 本書でニューラルネットワークという場合、畳み込みニューラルネットワークなど、広くディープラーニングと呼ばれているものも含めています。

- 本書の理解にはExcelの基本的な知識を前提としています。

- わかりやすさを優先しているため、Excel関数の使い方に冗長なところがあります。

- Excel関数の簡略化と見やすさのために、数値の有効桁の配慮はしていません。また表示する数値は適宜丸めています。

- Excelの標準アドインの「ソルバー」を用いる箇所があります。利用環境によってはインストール作業が必要になります(付録B)。

- ニューラルネットワークの世界では、モデルを最適化することを「学習」ということもありますが、本書ではその使い方はしません。Q学習、DQNで使われる「学習」と混乱を避けるためです。

1章 機械学習の基本

近年話題を集めている人工知能(AI)ですが、その研究は1950年代から始められています。本書のテーマの、特にその中のディープラーニングが、AIにおいてどのような位置にあるか鳥瞰してみましょう。

§1 機械学習とAI、そして深層学習

　2012年、「AIが自発的に猫を認識することに成功した」とGoogleが発表した頃から、現代のAIブームが始まっています。しかし、AI研究は過去何回かブームを呼んだことがあります。ここでは、その辺このことについて確認してみましょう。

▶AIとは

　現在、マスコミ等の報道ではAIという言葉が無造作に用いられています。しかし、立ち止まって「AIとは何か？」と考えると、難しい問題であることに気づきます。

　AIの定義は千差万別で、言葉を使う人によって定義が異なります。急速な発展をしたAIは、まだ万人が納得する定義を与えられ時間がとられていないのでしょう。

　日本人工知能学会のホームページでは、有名な米国学者の言葉を引用して次のような定義を紹介しています。

　「知的な機械、特に、知的なコンピュータープログラムを作る科学と技術」

　分かったようで、わからない定義です。そもそも「知的」とは何かが不明です。しかし、現在、AIについて議論するとき、これくらいの緩さを持った定義でないと、話が進まないのも事実です。本書でも、AIとは何かについて、その言葉の定義については深入りすることを避けます。

▶AI、機械学習、ディープラーニング

　AIについて、歴史的な流れを見てみましょう。

　空想ではなく現実としての人工知能（AI）は1950年代から研究が始まったとい

われます。それはコンピューターの開発の歴史と重なりますが、以下の3つの段階に分けられます。

世代	年代	キーとなる言葉	主な応用分野
1世代	1950～1970年代	論理	パズルなど
2世代	1980年代	知識	産業用ロボット、ゲーム
3世代	2010年代～	データ	パターン認識、ゲーム

　第1世代はコンピューターが初めて社会で利用できるようになり、人のやりたいことをプログラミングで実現するというアイデアが生まれた時期と重なります。プログラムで知能が実現できると考えた時代です。

　第2世代は、ハードウェアが大いに発展した時期と重なります。代表的なものは**エキスパートシステム**と呼ばれますが、様々な分野の達人の知識を教え込むタイプのAIです。その結果として、産業用ロボットが世界に普及することになります。また、この研究の中で、**強化学習**と呼ばれる強力なAI開発の手法が研究されました。

　第3世代は、ディープラーニングが主役になります。大量のデータから自ら学習するという論理が採用されました。そこでは、何よりもデータが優先されます。ディープラーニングは20世紀半ばから研究されてきたニューラルネットワークを基本としますが、現在に花開いたのはインターネットから大量のデータが得られるようになったからともいえます。

　以上の世代の流れから見えることは、世代を重ねるごとに、「人が機械に教える」という考えかたから、「機械がデータから学ぶ」という考え方に、重心が移動しているということです。この「機械がデータから学ぶ」というアイデアを**機械学習**（Machine Learning、略してML）と呼んでいます。機械（コンピューター）が自ら学習するからです。

言葉の包含関係
AIの概念は一番大きく、それだけ曖昧な概念でもある。

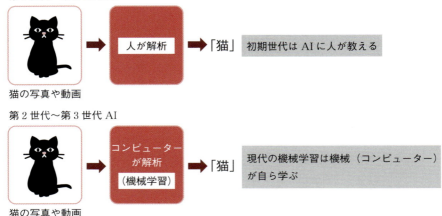

現代では、強化学習とディープラーニングが融合した技術も飛躍的に発展しています。その技術のすばらしさは碁や将棋の世界でAIがプロの棋士を圧倒していることからも、よくわかるでしょう。

▶機械学習の役割

現在、機械学習は様々な分野で活躍しています。しかし、大まかに見ると、**予測**と**識別**、**分類**が中心であることがわかります。

例えばAI投資ロボットは、過去と現在の市況データを学習して、これからを「予測」します。また、自動車工場で働くAIロボットは正確に溶接を施しますが、それは画像認識を用いて位置を正確に「識別」できるからです。さらに、ベルトコンベアーで仕分けを受け持つAIは、流れる配送品を見分け、的確な場所に「分類」します。

本書の解説もAIの「予測」と「識別」への応用を中心にしています。しかし、そこだけに限っても、多様なAIのモデルとアルゴリズムがあります。本書はその中で歴史的に有名なものに話を絞ることにします。

§2 教師あり学習と教師なし学習

　機械学習では、開発者がすべてのAIの動作を前もって決めておくことはしません。与えたデータからAIは自ら学習し、関係や規則を見つけ出す手法をとります。この機械学習で使用されるアルゴリズムを大きく分けると、「教師あり学習」、「教師なし学習」、「強化学習」の3つに分類されます。

▶AIのためのデータ

　機械学習にはデータが不可欠です。そのデータを用いて予測や識別、分類のシステムを作成するからです。このAI訓練用のデータを**訓練データ**といいます（training data）。また、**学習データ**などとも呼ばれます。

機械学習には訓練データが必要。

　訓練データの対義語として**テストデータ**があります。これは、学習済みのシステムを評価するのに利用されるデータです。

▶教師あり学習と教師なし学習、強化学習

　教師あり学習（Supervised Learning）は最も普及している機械学習の形態です。正解付きの訓練データを分析することでモデルを確定し、それを用いて未知のデータの識別や分類、予測を行います。

ちなみに、「教師あり学習」がその学習に利用する訓練データを**正解付きデータ**とか**ラベル付きデータ**などと呼びます。

また、訓練データの中の正解部分を**予測対象**、それ以外を**予測材料**と呼ぶこともあります。正解部分の呼び方として、「予測対象」よりわかりやすい、**正解ラベル**という言葉もよく利用されます。

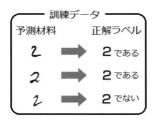

数字「2」を識別するための訓練データ。正解が付与されているのが「教師あり学習」のデータになる。

一方、**教師なし学習**（Unsupervised Learning）には正解の部分はありません。与えられたデータの持つ性質に基づいて予測や識別、分類をします。正解を付与しないで済むのでデータの準備は容易になりますが、扱いは面倒になります（このテーマは本書では扱いません）。

強化学習（Reinforcement Learning）は試行錯誤を通じて「価値を最大化するような行動」を学習するものです。こう表現すると抽象的過ぎますが、具体例を考えると理解は容易です。本書では、Q学習を通して、強化学習を調べることにします。

ちなみに、これらの分類の境界は明確ではありません。相互に交差する箇所があります。

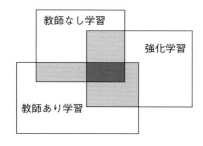

機械学習の分類。明確な境界がない場合も多い。

2章 機械学習のための基本アルゴリズム

本章ではAIの計算に利用される基本アルゴリズムについて確認します。これらのアルゴリズムは3章以降の準備となります。なお、ベクトルや微分法について不案内の際には、準備として
▶付録C～Fを先に通読してください。

モデルの最適化と最小2乗法

　データ分析するために数学的なモデルを作成するとき、モデルはパラメーターと呼ばれる定数で規定されます。そのパラメーターをデータに合うように決定する問題を**最適化問題**と呼びます。

▶最適化とは

　データを分析するためのモデルは、与えられたデータをできるだけ良く説明できるように作られます。さらに、使いやすいものにするために、そのモデルは簡潔に作られます。すると、簡潔にした分、そのモデルで実際のデータを100%説明することは困難になります。そこで、次のような方針をとります。

　「モデルが説明しきれない部分を最小にする」

　すなわち、モデルの説明と実際のデータとの誤差を最小にしよう、というものです。この方針は当然です。そして、この当たり前の方針でモデルのパラメーターを決定することを**最適化**（optimization）といいます。

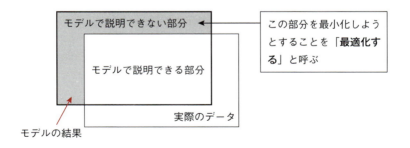

　この最適化問題で多用されるのが**最小2乗法**です。計算がしやすく、汎用性があり、誤差の見積もりも容易です。

▶最小2乗法

いま大きさ n のデータがあり、その k 番目の要素の実際値 y_k について、モデルから算出される予測値を $\hat{y}_k$ とします。そして、実際値 y_k と予測値 $\hat{y}_k$ との差 $y_k - \hat{y}_k$ を誤差と考え、それを2乗(すなわち平方)したものを**平方誤差**と呼び、e_k で表すことにします。

$$平方誤差\, e_k = (y_k - \hat{y}_k)^2 \quad (k=1,\,2,\,3,\,\cdots,\,n) \cdots \boxed{1}$$

そして、データ全体についてこの「平方誤差」を加え合わせます。

$$E = (y_1 - \hat{y}_1)^2 + (y_2 - \hat{y}_2)^2 + \cdots + (y_n - \hat{y}_n)^2 \quad (nはデータの大きさ) \cdots \boxed{2}$$

最小2乗法とはこの誤差の総和 E を最小にするように、モデルのパラメーターを決定する方法です。「平方誤差の総和 E を最小化するパラメーターを持つモデルが最適である」と考えるのが最小2乗法なのです。

式 $\boxed{2}$ を最適化のための**目的関数**(objective function)といいます。

「誤差の2乗の和が最小になるようにモデルのパラメーターを決める」という最小2乗法のアイデアはデータ解析の基本となります。回帰分析やSVM、ディープラーニングでモデルのパラメーターを決めるときの標準技法になります。

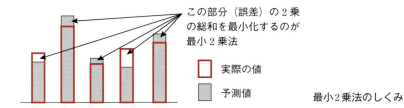

最小2乗法のしくみ

▶Excelで最小2乗法

最小2乗法を具体例で見てみましょう。

統計学の基本技法として単回帰分析という分析法があります。与えられたデータから域外のデータを推定する1つの方法です。そこでは、最小2乗法が利用さ

2章 機械学習のための基本アルゴリズム

れるのが普通です。次の 例題 で、それを調べてみます。

> **例題** ある新興国において、21世紀に入り x 年目の経済成長率 y(%) が右の表に示さます。成長率 y を x の1次式 $ax+b$ (a, b は定数)で予測できると仮定し、定数 a、b を求めましょう。また、未知の5年目の経済成長率を予測してみましょう。
>
> | x | y |
> |---|---|
> | 1 | 13.3 |
> | 2 | 15.8 |
> | 3 | 19.4 |
> | 4 | 22.3 |

注 この 例題 の解法は ▶3章で調べる重回帰分析と同一の手法です。

解 題意から x 年目に対する成長率の予測値 $\hat{y}$ は次のように表されます。

$$\hat{y} = ax + b \quad \cdots \boxed{3}$$

これを**回帰方程式**と呼びます。すると、k 年目について、$x_k = k$ のときの成長率 y_k の予測値を $\hat{y}_k$ と置くとき、平方誤差 $\boxed{1}$ は以下のように表現できます。

$$e_k = (y_k - \hat{y}_k)^2 = \{y_k - (ax_k + b)\}^2 \quad (k = 1, 2, 3, 4)$$

実際にデータを代入して、目的関数 $\boxed{2}$ は次のように書き下させます。

$$E = \{13.3 - (a+b)\}^2 + \{15.8 - (2a+b)\}^2 + \{19.4 - (3a+b)\}^2 + \{22.3 - (4a+b)\}^2$$

ところで、これが最小になるとき次の関係が成立します(▶付録E)。

$$\frac{\partial E}{\partial a} = 0、\frac{\partial E}{\partial b} = 0 \quad \cdots \boxed{4}$$

実際に式 $\boxed{4}$ を計算し整理すると、次の式が得られます。

$$30a + 10b = 192.3、10a + 4b = 70.8$$

これを解いて、$a = 3.06$、$b = 10.05 \quad \cdots \boxed{5}$

このときに目的関数(すなわち全体誤差)E が最小になるのです。
回帰方程式 $\boxed{3}$ は、以上から次のように表せます。

$$y = 3.06x + 10.05 \quad \cdots \boxed{6}$$

題意の「5年目の経済成長率」は、この式 6 に $x=5$ を代入して、次のように求められます。

5年目の経済成長率 $= 3.06 \times 5 + 10.05 = 25.35 ≒ 25.4 \, (\%)$ … 7

以上がこの 例題 の答です。

ここで得られた a、b の値 5 が最適化されたパラメーターです。回帰方程式 6 をデータの散布図に重ねて描いてみましょう。実際のデータを表す4点をよく結んでいます。「最適化されたパラメーター」の「最適」のイメージを理解できるでしょう。

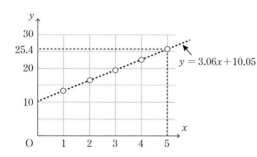

データの散布図。回帰方程式 6 に $x=5$ を代入して、予測値 7 が得られる。ちなみに、この直線を回帰直線という。

▶データの大きさとパラメーター数

この 例題 で調べたデータは4つの要素から成り立っています。その4つを2つの定数 a、b が定める直線 $y = ax + b$ で表現しようとしたのが、この 例題 です。4つの情報を2つに縮約したわけです。2つの定数 a、b では、所詮すべてのデータ情報は表現できません。しかし、できるだけデータ情報を吸い上げるように2つの定数 a、b を決定する努力には意味があります。最適化とはこの努力の結果なのです。

▶Excel実習

最小2乗法をExcelで実行してみましょう。Excelにはそのための最適化ツールとして「ソルバー」が用意されています。

演習 先の**例題**をExcelのソルバーを利用して解いてみましょう。

注 ソルバーはExcelの標準アドインで、インストール作業が必要な場合があります。なお、本節のワークシートは、ダウンロードサイト（▶244ページ）に掲載されたファイル「2_1.xlsx」にあります。

解 データを入力します。また、定数a、bの値を適当に仮定します。

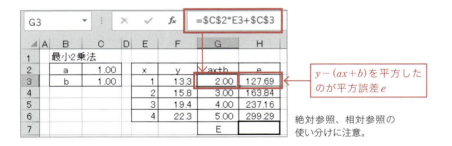

以上の準備の下に、次のステップを追いましょう。

① 予測値$ax+b$の値、及び式 1 の平方誤差eを求めます。

$y-(ax+b)$を平方したのが平方誤差e

絶対参照、相対参照の使い分けに注意。

② 平方誤差eの総和E（目的関数）を算出します。

誤差の総和の算出にはSUM関数が便利。

③ **ソルバーを起動します。**

下図のようにセットします。ソルバーの「目的セル」の欄には目的関数 E のセル番地が、「変数セル」の欄には a、b の（仮の）値の収められたセル番地が入ります。

注 ソルバーは Excel の「データ」メニューにあります。なお、ソルバーは Excel の標準アドインで、インストール作業が必要な場合があります（▶付録B）。

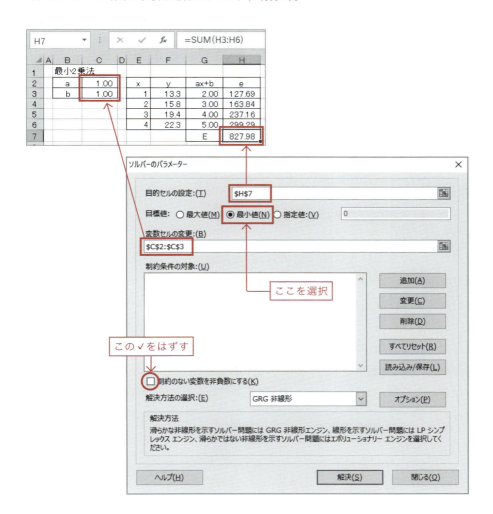

2章　機械学習のための基本アルゴリズム

④ ソルバーを実行し、定数 a、b を求めます。

ソルバーの算出結果を見てみましょう。

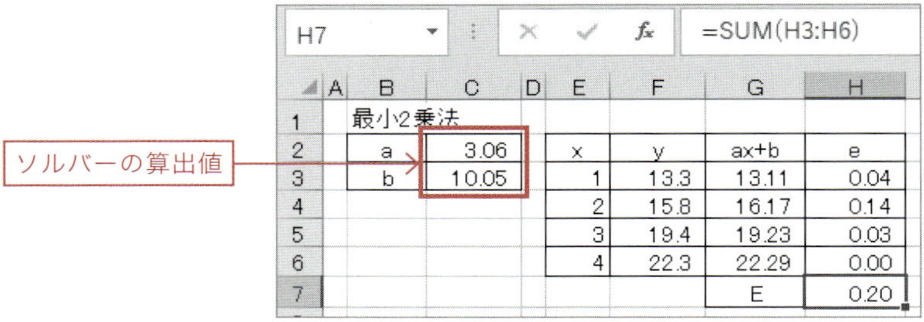

	A	B	C	D	E	F	G	H
1		最小2乗法						
2		a	3.06		x	y	ax+b	e
3		b	10.05		1	13.3	13.11	0.04
4					2	15.8	16.17	0.14
5					3	19.4	19.23	0.03
6					4	22.3	22.29	0.00
7							E	0.20

H7 = SUM(H3:H6)

ソルバーの算出値：C2、C3

このソルバーの計算結果から、式 5 の解が得られました。

$a = 3.06$、$b = 10.05$

これから、5年目の経済成長率の予測値 7 が下図のように得られます。

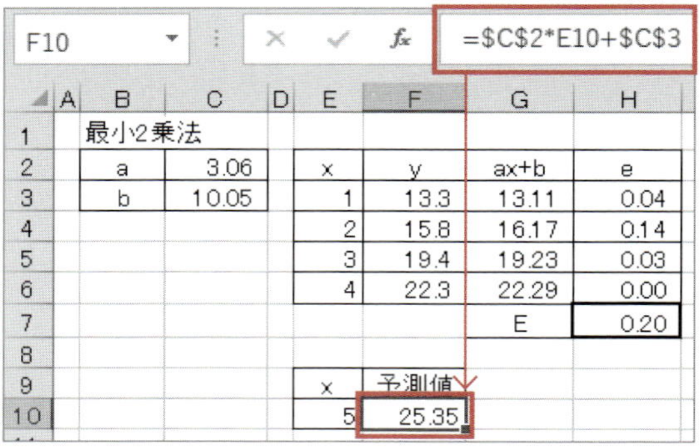

F10 = =$C$2*E10+$C$3

	A	B	C	D	E	F	G	H
1		最小2乗法						
2		a	3.06		x	y	ax+b	e
3		b	10.05		1	13.3	13.11	0.04
4					2	15.8	16.17	0.14
5					3	19.4	19.23	0.03
6					4	22.3	22.29	0.00
7							E	0.20
8								
9					x	予測値		
10					5	25.35		

予測は式 5 を利用。なお、本文では小数第2位を四捨五入している。

注 見やすさを優先するために、数値の有効桁の表示は統一していません。

MEMO　目的関数の呼び名

目的関数を**コスト関数**（cost function）、**誤差関数**（error function）、**損失関数**（lost function）などとも呼びます。最適化が利用される分野で、その呼び名が異なります。なお、最適化の方法としてここでは最小2乗法を利用しましたが、これ以外にも有名な方法がいくつかあります。

§2 最適化計算の基本となる勾配降下法

前節 ▶§1 で見たように、「モデルの最適化」には目的関数を最小化するパラメーターを探す必要があります。本節では、その探し方として有名な**勾配降下法**について調べましょう。勾配降下法は**最急降下法**とも呼ばれますが、多くの機械学習のための基本的な武器となります。

本節では主に2変数関数で話を進めます。機械学習の世界、とりわけニューラルネットワークの世界では、何万というパラメーターを扱うことも稀ではありませんが、数学的原理はこの2変数の場合と同じです。

注 本書で考える関数は十分滑らかな関数とします。

▶勾配降下法のアイデア

関数 $z = f(x, y)$ が与えられたとき、この関数を最小にするパラメーター、すなわち変数 x, y をどう求めればよいでしょうか？ 最も有名な求め方は、関数 $z = f(x, y)$ を最小にする x, y が次の関係を満たすことを利用する方法です。このことは前節（▶§1）でも利用しました（▶付録E）。

$$\frac{\partial f(x, y)}{\partial x} = 0, \quad \frac{\partial f(x, y)}{\partial y} = 0 \cdots \boxed{1}$$

関数が最小の点では、ワイングラスの底のように、接する平面が水平になることが期待されるからです。

2章 機械学習のための基本アルゴリズム

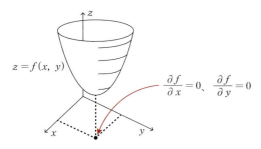

式 1 の意味。
関数が最小の点はワイングラスの底のような形になり、関数の増加はその点で0になる。なお、この式はあくまで必要条件にすぎない。

ところで、実際の問題では、連立方程式 1 は容易に解けないのが普通です。**勾配降下法**はその代案となる有名な方法です。方程式から直接求めるのではなく、グラフ上の点を少しずつ動かしながら、手探りで関数の最小点を探し出す方法です。

勾配降下法の考え方を見てみましょう。いま、グラフを斜面と見立てます。その斜面上のある点Pにピンポン玉を置き、そっと手を放してみます。玉は最も急な斜面を選んで転がり始めます。少し進んだら、球を止め、その位置から再度放してみましょう。ピンポン玉はまたその点で最も急な斜面を選び転がり始めます。

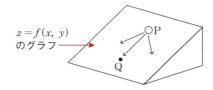

関数のグラフの一部を拡大し、斜面に見立てた図。玉は最急坂（PQの方向）を探して転がり始める。

この操作を何回も繰り返せば、ピンポン玉は最短な経路をたどってグラフの底、すなわち関数の最小点にたどり着くはずです。この玉の動きをまねたのが勾配降下法です。

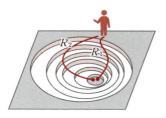

ピンポン玉の動きを人がたどると、人は最短のルート R_1 でグラフの底（最小値）にたどり着く。

勾配降下法が「最急降下法」とも呼ばれるのはこのイメージがあるからです。グラフを最短で下るということを表現するネーミングなのです。

▶近似公式と内積の関係

いま調べたアイデアに従って勾配降下法を公式化してみます。

関数$z=f(x, y)$において、xをΔxだけ、yをΔyだけ変化させたときの関数$f(x, y)$の値の変化Δzを調べてみましょう。

$$\Delta z = f(x+\Delta x,\ y+\Delta y) - f(x, y)$$

有名な近似公式（▶付録F）から次の関係式が成立します。

$$\Delta z = \frac{\partial f(x, y)}{\partial x}\Delta x + \frac{\partial f(x, y)}{\partial y}\Delta y \cdots \boxed{2}$$

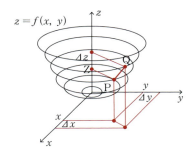

図において、ΔzとΔx、Δyの間には$\boxed{2}$の関係が成立する。

式$\boxed{2}$の右辺は、次の2つのベクトルの内積の形をしています。

$$\left(\frac{\partial f(x, y)}{\partial x},\ \frac{\partial f(x, y)}{\partial y}\right),\ (\Delta x,\ \Delta y) \cdots \boxed{3}$$

このベクトル$\left(\dfrac{\partial f(x, y)}{\partial x},\ \dfrac{\partial f(x, y)}{\partial y}\right)$を関数$f(x, y)$の点$(x, y)$における**勾配**（gradient）と呼びます。

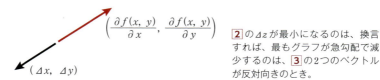

2 の左辺 Δz は 3 の2つのベクトルの内積で表される。

▶勾配降下法の基本式

x を Δx、y を Δy だけ変化させたとき、関数 $z = f(x, y)$ の変化 Δz は式 2、すなわち2つのベクトル 3 の内積で表せます。ところで、内積の性質から、この内積が最小になるのは、2つのベクトルが反対向きのときです。すなわち、式 2 の Δz が最小になるのは（z が最も減少するのは）、3 の2つのベクトルがちょうど反対向きになるときなのです（▶付録C）。

2 の Δz が最小になるのは、換言すれば、最もグラフが急勾配で減少するのは、3 の2つのベクトルが反対向きのとき。

以上の議論から、点 (x, y) から点 $(x + \Delta x, y + \Delta y)$ に移動するとき、関数 $z = f(x, y)$ が最も減少するのは次の関係が満たされるときです。これが2変数のときの勾配降下法の基本式になります。

$$(\Delta x,\ \Delta y) = -\eta\left(\frac{\partial f(x,\ y)}{\partial x},\ \frac{\partial f(x,\ y)}{\partial y}\right) \quad (\eta \text{は正の小さな定数}) \cdots \boxed{4}$$

注 η はイータと読むギリシャ文字です。ローマ字のiに対応します。多くの文献では**ステップサイズ**とか**ステップ幅**と呼んでいます。

この関係 4 を用いて

　点 (x, y) から点 $(x + \Delta x, y + \Delta y)$ … 5

に移動すれば、その地点(x, y)で最も速くグラフの坂を下ることができます。

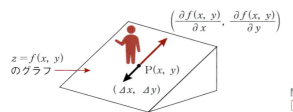

関数のグラフが最も減少するのは
$\boxed{4}$の関係を満たすとき。

> **問** Δx、Δyは小さい数とします。関数$z = x^2 + y^2$において、x、yが各々 1から$1+\Delta x$、2から$2+\Delta y$ に変化するとき、この関数が最も減少するときのベクトル$(\Delta x, \Delta y)$を求めましょう。

解 式$\boxed{4}$から、Δx、Δyは次の関係を満たします。

$$(\Delta x, \Delta y) = -\eta\left(\frac{\partial z}{\partial x}, \frac{\partial z}{\partial y}\right) \quad (\eta は正の小さな定数)$$

$\dfrac{\partial z}{\partial x} = 2x$, $\dfrac{\partial z}{\partial y} = 2y$で、題意から$x = 1$、$y = 2$より、

$(\Delta x, \Delta y) = -\eta(2, 4)$ （ηは正の小さな定数） **答**

▶勾配降下法とその使い方

　先に勾配降下法のアイデアを見るためにピンポン玉の動かし方を調べました。場所によって急坂となる方向が異なるので、「少しだけ場所を移動しながら急坂部分を探す」という手続きを繰り返しながら、坂道の底の部分にたどり着こうとするのです。

　関数の場合もまったく同様なのです。関数の最小値を探すには、関係式$\boxed{4}$を利用して最も減少する方向を探し、その方向に式$\boxed{5}$に従って少し移動します。

その移動先の点で再度 4 を算出し、再び式 5 に従って少し移動します。このような計算を繰り返すことで、最小点を探すことができます。こうして関数の $f(x, y)$ の最小となる点を探す方法を**2変数の場合の勾配降下法**といいます。

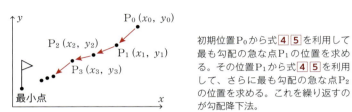

初期位置 P_0 から式 4 5 を利用して最も勾配の急な点 P_1 の位置を求める。その位置 P_1 から式 4 5 を利用して、さらに最も勾配の急な点 P_2 の位置を求める。これを繰り返すのが勾配降下法。

▶3変数以上の場合に勾配降下法を拡張

2変数の勾配降下法の基本式 4 を3変数以上に一般化するのは容易でしょう。関数 f が n 変数 x_1、x_2、…、x_n から成り立つとき、勾配降下法の基本式 5 は次のように一般化できます。

> η を正の小さな定数として、変数 x_1、x_2、…、x_n が $x_1+\Delta x_1$、$x_2+\Delta x_2$、…、$x_n+\Delta x_n$ に変化するとき、関数 f が最も減少するのは次の関係を満たすときである。
>
> $$(\Delta x_1,\ \Delta x_2,\ \cdots,\ \Delta x_n) = -\eta \left(\frac{\partial f}{\partial x_1},\ \frac{\partial f}{\partial x_2},\ \cdots,\ \frac{\partial f}{\partial x_n} \right) \cdots \boxed{6}$$

ここで、次のベクトルを**関数 f の点 $(x_1,\ x_2,\ \cdots,\ x_n)$ における勾配**といいます。

$$\left(\frac{\partial f}{\partial x_1},\ \frac{\partial f}{\partial x_2},\ \cdots,\ \frac{\partial f}{\partial x_n} \right)$$

2変数の関数の場合と同様、この関係 6 を用いて

点 $(x_1,\ x_2,\ \cdots,\ x_n)$ から点 $(x_1+\Delta x_1,\ x_2+\Delta x_2,\ \cdots,\ x_n+\Delta x_n)$ … 7

に移動すれば、最も急な関数の減少方向に移動できます。そして、この移動 7 を繰り返せば、n 次元空間で最も急な減少方向を算出しながら関数の最小点を探すことができます。これが n 変数の場合の勾配降下法です。

▶ η の意味と勾配降下法の注意点

これまでステップサイズ η は単に「正の小さな定数」と表現してきました。実際にコンピューターで計算する際、この η をどのように決めればよいかは大きな問題になります。

式 5 、 7 からわかるように、η は人が移動する際の「歩幅」と見立てられます。この η で決められた値に従って次に移動する点が決められるからです。その歩幅が大きいと最小値に達しても、それを飛び越えてしまう危険があります（下図左）。歩幅が小さいと、極小値で停留してしまう危険があります（下図右）。

この決め方については、残念ながら確たる基準はありません。試行錯誤でより良い値を探すしかありません。

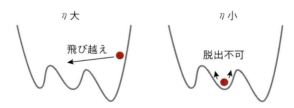

η を適切に決めないと、最小値を飛び越えたり、極小値に停留したりする。

▶ Excel で勾配降下法

具体的に次の演習で勾配降下法を調べてみましょう。

> **演習** 関数 $z = x^2 + y^2$ について、その最小値を与える x、y の値を勾配降下法で求めましょう。

注 明らかに正解は $(x, y) = (0, 0)$ です。なお、本節のワークシートは、ダウンロードサイト（▶244ページ）に掲載されたファイル「2_2.xlsx」にあります。

2章 機械学習のための基本アルゴリズム

最初に勾配を求めておきましょう。

$$勾配\left(\frac{\partial z}{\partial x}, \frac{\partial z}{\partial y}\right) = (2x, 2y) \cdots \boxed{8}$$

それでは、ステップを追って計算を進めます。

① 式$\boxed{4}$のηの値、及び最初の一歩となる位置を適当に定めます。

② 式$\boxed{4}$を計算します。

現在位置(x_i, y_i)に対して、勾配$\boxed{8}$を算出し、勾配降下法の基本式（式$\boxed{4}$）からベクトル$\varDelta x = (x_i, \varDelta y_i)$を求めます。すなわち、式$\boxed{4}$、$\boxed{8}$から

$$(\varDelta x_i, y_i) = -\eta(2x_i, 2y_i) = (-\eta \cdot 2x_i, -\eta \cdot 2y_i) \cdots \boxed{9}$$

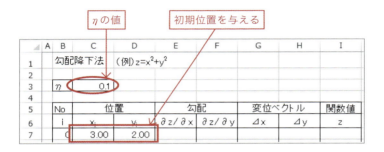

③ **5 を実行します。**

　勾配降下法に従って、現在位置 (x_i, y_i) から移動先の点 (x_{i+1}, y_{i+1}) を次の式から求めます。

$$(x_{i+1}, y_{i+1}) = (x_i, y_i) + (\Delta x_i, \Delta y_i) \cdots \boxed{10}$$

	A	B	C	D	E	F	G	H	I
1		勾配降下法		(例) $z=x^2+y^2$					
2									
3		η	0.1						
4									
5		No	位置		勾配		変位ベクトル		関数値
6		i	x_i	y_i	$\partial z/\partial x$	$\partial z/\partial y$	Δx	Δy	z
7		0	3.00	2.00	6.00	4.00	-0.60	-0.40	13.00
8		1	2.40	1.60					

（C8: =C7+G7）
10 の計算

④ **②〜③を繰り返します。**

　次の図は、②〜③の操作を30回繰り返したときの座標 (x_{30}, y_{30}) の値です。正解 $(x, y) = (0, 0)$ と一致しています。

	A	B	C	D	E	F	G	H	I
1		勾配降下法		(例) $z=x^2+y^2$					
2									
3		η	0.1						
4									
5		No	位置		勾配		変位ベクトル		関数値
6		i	x_i	y_i	$\partial z/\partial x$	$\partial z/\partial y$	Δx	Δy	z
7		0	3.00	2.00	6.00	4.00	-0.60	-0.40	13.00
8		1	2.40	1.60	4.80	3.20	-0.48	-0.32	8.32
9		2	1.92	1.28	3.84	2.56	-0.38	-0.26	5.32
10		3	1.54	1.02	3.07	2.05	-0.31	-0.20	3.41
11		4	1.23	0.82	2.46	1.64	-0.25	-0.16	2.18
12		5	0.98	0.66	1.97	1.31	-0.20	-0.13	1.40
35		28	0.01	0.00	0.01	0.01	0.00	0.00	0.00
36		29	0.00	0.00	0.01	0.01	0.00	0.00	0.00
37		30	0.00	0.00	0.01	0.00	0.00	0.00	0.00

最小値を与える (x, y)　　　関数の最小値

2章　機械学習のための基本アルゴリズム

> **MEMO** ハミルトン演算子 ∇
>
> 　実用的なニューラルネットワークでは、何万という変数から構成された関数の最小値が問題になります。そこでは、式 6 のような表現が冗長になる場合があります。
>
> 　数学の世界に「ベクトル解析」と呼ばれる分野がありますが、そこでよく用いられる記法に記号 ∇ があります。∇ は**ハミルトン演算子**と呼ばれますが、次のように定義されます。
>
> $$\nabla f = \left(\frac{\partial f}{\partial x_1}, \frac{\partial f}{\partial x_2}, \cdots, \frac{\partial f}{\partial x_n} \right)$$
>
> これを利用すると、 6 は次のように簡潔に記述されます。
>
> $$(\Delta x_1, \Delta x_2, \cdots, \Delta x_n) = -\eta \nabla f \quad (\eta は正の小さな定数)$$
>
> **注** ∇ は通常「ナブラ」と読まれます。ギリシャの竪琴（ナブラ）の形をしているのでそう呼ばれます。

§3 ラグランジュの緩和法と双対問題

不等式の条件が付けられたときの最大値や最小値を求める問題は、機械学習の計算でよく利用されます。その代表的な解法の1つが**ラグランジュの緩和法**です。この緩和法を利用して問題を解きやすくする方法が**ラグランジュ双対**です。次の具体例を通して、ラグランジュの緩和法と双対問題のしくみを調べてみましょう。

> **例題** x、yは次の2つの不等式を満たすとします。
>
> $-x-y+2 \leqq 0$、$x-y+2 \leqq 0$ … $\boxed{1}$
>
> 次の関数を最小化するx、yの値と、その最小値を求めましょう。
>
> $\dfrac{1}{2}(x^2+y^2)$ … $\boxed{2}$

▶ ラグランジュの緩和法

条件$\boxed{1}$が成立するとき、当然次の関係が成立します。

> 0以上の任意の定数λ、μに対して、
>
> $\dfrac{1}{2}(x^2+y^2)+\lambda(-x-y+2)+\mu(x-y+2) \leqq \dfrac{1}{2}(x^2+y^2)$ … $\boxed{3}$

この式$\boxed{3}$の左辺の最小値を求めることができたとしましょう。さらに、それが「$\leqq$」の中の等号（$=$）を満たしていることを確認できたとしましょう。すると、

「$\boxed{1}$ の条件の下で $\frac{1}{2}(x^2+y^2)$ の最小値を求める」という問題は0以上の定数λ、μ に対して、「$\boxed{3}$ の等号を満たしながら、$\frac{1}{2}(x^2+y^2)+\lambda(-x-y+2)+\mu(x-y+2)$ の最小値を求める」という問題に簡素化されたことになります。不等式の条件$\boxed{1}$ が付加されたやっかいな問題が、単純なλ、$\mu(\geqq 0)$を含んだ最小問題に帰着することになるのです。この技法を**ラグランジュの緩和法**と呼びます。

▶ ラグランジュ双対問題

式$\boxed{3}$の左辺について最小値が得られたとしましょう。この最小値はλ、$\mu(\geqq 0)$ を含んだ式で、$m(\lambda, \mu)$と表せます。

$$m(\lambda, \mu) \leqq \frac{1}{2}(x^2+y^2)+\lambda(-x-y+2)+\mu(x-y+2) \cdots \boxed{4}$$

注 $m(\lambda, \mu)$については、具体的に後に求めます。

次にλ、$\mu(\geqq 0)$について、$m(\lambda, \mu)$の最大値m_0を求めてみましょう。これはx、y、λ、μを含まない定数です。

$$m(\lambda, \mu) \leqq m_0 \cdots \boxed{5}$$

ところで、式$\boxed{3}$〜$\boxed{5}$の関係は任意のλ、$\mu(\geqq 0)$に対して成立します。そこで次の関係が満たされます。

$$m(\lambda, \mu) \leqq m_0 \leqq \frac{1}{2}(x^2+y^2)+\lambda(-x-y+2)+\mu(x-y+2) \leqq \frac{1}{2}(x^2+y^2) \cdots \boxed{6}$$

もしこの式$\boxed{6}$の等号部分を満たすλ、$\mu(\geqq 0)$が具体的に得られれば、逆にたどって、**例題**の目的の「x^2+y^2を最小化するx、yの値」が得られることになります。条件$\boxed{1}$を真正面から攻撃するよりもはるかに容易になるのです。

最小値を求める**例題**が、$m(\lambda, \mu)$の最大値を求める問題に言い換えられました。この最小値と最大値の問題のペアを**ラグランジュ双対**と呼びます。

▶ 具体的に計算

まず、$m(\lambda, \mu)$を求めてみましょう。3の左辺を変形して、

$$\text{式}\boxed{3}\text{の左辺} = \frac{1}{2}\{x-(\lambda-\mu)\}^2 + \frac{1}{2}\{y-(\lambda+\mu)\}^2 + 2(\lambda+\mu) - (\lambda^2+\mu^2)$$

よって、x、yが次の値のとき、この式は最小値となります。

$$x = \lambda - \mu、x = \lambda + \mu \cdots \boxed{7}$$

このとき、式3の左辺の最小値$m(\lambda, \mu)$は次の通りです。

$$m(\lambda, \mu) = 2(\lambda+\mu) - (\lambda^2+\mu^2) = 2 - (\lambda-1)^2 - (\mu-1)^2 \cdots \boxed{8}$$

また、7を条件1に代入して、

$$-(\lambda-\mu)-(\lambda+\mu)+2 \leq 0、(\lambda-\mu)-(\lambda+\mu)+2 \leq 0$$

これから、$\lambda \geq 1$、$\mu \geq 1$

こうして、式8から$m(\lambda, \mu)$の最大値m_0が次のように得られます。

$$m_0 = 2 \, (\lambda = 1、\mu = 1\text{のとき})$$

これは前提である、$\lambda \geq 0$、$\mu \geq 0$を満たしています。

このとき、式7から、 $x = 0$、$y = 2 \cdots \boxed{9}$

必要な値がすべて得られました。式6に戻って、まとめてみましょう。

$$2 \leq \frac{1}{2}(x^2+y^2) + (-x-y+2) + (x-y+2) \leq \frac{1}{2}(x^2+y^2)$$

式9を満たすx、yは、この式すべてを満たします。こうして、**例題**の解答が次のように得られました。

$x = 0$、$y = 2$ のとき、$x^2 + y^2$を最小値は2 **答**

▶Excelで確認

> **演習** Excelを用いて、**例題**を解いてみましょう。

注 本節のワークシートは、ダウンロードサイト（▶244ページ）に掲載されたファイル「2_3.xlsx」にあります。

　Excelのソルバーを利用すると、ラグランジュの緩和の技法は不要です。条件式 1 を直接設定できるからです。次のステップを追うことで、簡単に答 9 が得られます。ここでは問題の意味を理解するための参考として、**例題**をExcelで解いてみることにします。

① x, y の初期値を適当に設定します。そして、条件式 1 、関数 2 の $\frac{1}{2}(x^2 + y^2)$ のセルを用意します。さらに、次の図のようにソルバーを設定します。

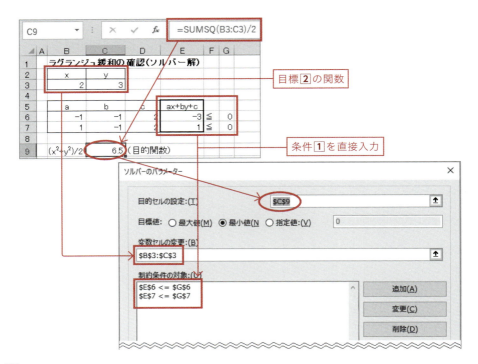

§3 ラグランジュの緩和法と双対問題

② ソルバー実行後、結果が算出され、式 9 が確かめられます。

§4 モンテカルロ法の基本

　広く一般的に、乱数を用いて数値計算を行う方法を**モンテカルロ法**といいます。賭で有名な都市モンテカルロにちなんで付けられた名称です。

　ところで、現在、機械学習のほとんどの分野では、何らかの形で乱数が用いられます。そこで、乱数を原初的に利用する場合に限って、その計算法をモンテカルロ法は呼ぶ場合が普通です。

▶モンテカルロ法でπを算出

　モンテカルロ法の多くの入門文献で、円周率πの近似計算が紹介されています。本書でも考え方を知るために、この例を用いることにしましょう。

> **例題** 乱数を用いて、円周率πの値を求めましょう。

　下図左のように、原点を中心にして半径1の円を描きます。また、それに外接する1辺の長さが2の正方形を軸に平行に描きます。

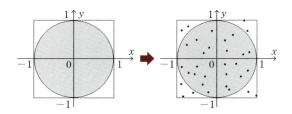

　左図の正方形の中にN個の点をランダムに打ってみましょう（右図）。そして、円の内側にn個の点が入ったとします。すると、nとNの個数の比は、（近似的に）円の面積（$\pi \times 1^2$）と正方形の面積（$=2^2$）の比になるはずです。

§4 モンテカルロ法の基本

$$n : N \fallingdotseq \pi \times 1^2 : 2^2 \quad \text{すなわち} \quad \pi \fallingdotseq \frac{4n}{N} \cdots \boxed{1}$$

こうして、円の内側の点の個数を数えることで、πの値が（近似的に）求められます。このように乱数を利用して計算を進める方法がモンテカルロ法です。

▶Excelでモンテカルロ法

> **演習** Excelを用いて、この**例題**を確認しましょう。

注 本節のワークシートは、ダウンロードサイト（▶244ページ）に掲載されたファイル「2_4.xlsx」にあります。

例題で調べた考え方に従い、以下のステップを追うことで、πの値を近似的に得ることができます。

① $-1 \leqq x \leqq 1$、$-1 \leqq y \leqq 1$の範囲に、ランダムに200個の点を打ちます。

注 200個は少ないのですが、理論を見るには十分でしょう。

次に、半径1の円内の点、すなわち次の条件を満たす点を数えます。

$$x^2 + y^2 \leqq 1^2$$

No	x	y	x^2+y^2	円内		点の総数	200
1	0.2957	0.6182	0.4696	1		円内点の数	151
2	0.4017	-0.1972	0.2003	1		円内の割合	0.755
3	-0.2067	0.9738	0.9910	1		≪理論値≫	0.785
4	-0.4411	-0.5733	0.5232	1			
5	-0.2054	-0.6255	0.4334	1			
6	-0.2406	-0.3603	0.1877	1			
7	0.1969	-0.8624	0.7825	1			

F6セル: `=IF(E6<=$C$3,1,0)` 円内なら1、外なら0

x,yセル: `=$C$3*2*(RAND()-0.5)` x、yの値として各々200個のランダムな数を発生させる

202	197	0.8100	...	1.4559	0
203	198	-0.9638	0.7952	1.5612	0
204	199	0.0674	-0.8414	0.7124	1
205	200	-0.8455	0.4935	0.9584	1

ちなみに、この図の場合、円内の点の割合n/Nは0.755です。すると、式$\boxed{1}$から、

$$\pi \fallingdotseq \frac{4n}{N} = 4\frac{n}{N} = 4 \times 0.755 = 3.02$$

$\pi = 3.141592\cdots$ にまあまあ近い値になっています。

② ①で作成した200個の点を図示してみましょう。

　点の数が200では、まばらです。しかし、上記のように、そこそこ良い近似を与えています。これがモンテカルロ法の長所です。厳密ではないにしても、おおむね良い近似を算出するのです。

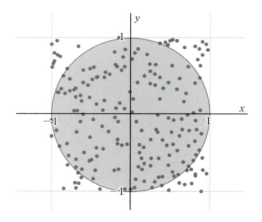

> **MEMO** いろいろな乱数
>
> 　ExcelのRAND関数が発生する乱数は一様乱数と呼ばれる乱数です。0以上1未満の乱数を「一様に」生成します。このような一様な乱数以外にも、正規乱数など、様々な乱数があります。これらの乱数はRANDと他の関数を組み合わせることで生成することができます。
> 　ちなみに、ExcelにはRANDBETWEENという関数も用意されています。これは指定した区間の整数をランダムに発生します。

§5 遺伝的アルゴリズム

最適化問題で大きな障害になるのが極小にはまる問題です。最小の答を求めたいのに、実は極小値を求めてしまう、という問題です。この問題を**局所解問題**といいます。この問題を解決する1つの有力な方法が「遺伝的アルゴリズム」です。

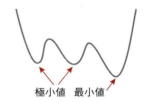

極小値　最小値

▶遺伝的アルゴリズムで最小値問題を解く

遺伝的アルゴリズム（genetic algorithm、略してGA）は、生命の進化を模した計算によって、局所解問題を解決しようとするものです。「進化を模倣」というと難しそうに聞こえますが、考え方は非常にシンプルです。次の問題を用いて考え方を調べましょう。

> **例題** 次の関数 $f(x)$ について、最小値とそれを実現する x の値を求めましょう： $f(x) = x^4 - \dfrac{16}{3}x^3 + 6x^2$

最初に関数 $f(x)$ のグラフを示します（右図）。最小値は次の値であることがわかります。

最小値 $= -9$（$x=3$ のとき）

これが **例題** の解になります。以下では、この解が遺伝的アルゴリズムで得られることを確かめます。

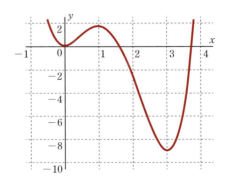

注 以下の解説は「ビットストリング型GA」と呼ばれる遺伝的アルゴリズムです。

▶ x の候補を選び2進数表示

最初にやるべきことは、x の値をいくつか「候補」として生成することです。ここでは簡単のために、ランダムに生成した4ビットで表せる7、9、12、13の4数を考え、2進数表記してみましょう。

0111、1001、1100、1101

以下では、これらの「候補」一つひとつを生命に例えて**個体**（individual）と呼ぶことにします。これらの個体を進化させて解を求めようとするのが**遺伝的アルゴリズム**です。

この遺伝的アルゴリズムは次の3つの操作から成り立ちます。順次調べていきましょう。

選択（selection）、交叉（crossover）、突然変異（mutation）

▶ 環境に適合するものを「選択」

選択は、現在の個体（すなわち親）がどれくらい環境に適しているかを確認する操作です。実際に $f(x)$ を計算してみましょう。

$f(0111)=865.7$、$f(1001)=3159.0$、$f(1100)=12384.0$、$f(1101)=17857.7$

注 左辺()内は2進数表示、右辺は10進数表示です。

環境に適応している個体は生き残る可能性が高く、適応していない個体は低くなるでしょう。いまは「最小値」を調べているので、この環境に適応している関数値の小さい方2つを選択します。

0111、1001

この2つが選択親になります。他は捨てる（淘汰する）ことにします。

▶ 優れた個体を作るために「交叉」させる

交叉とは、上で選んだ2つの個体（親）から新しい個体を誕生させる操作です。交叉の仕方は様々ですが、**一点交叉**という単純な方法を考えます。まず、適当なところ（次図は真ん中）で遺伝子を2つに分割します。

　（選択親）　0111 → 01 | 11、1001 → 10 | 01

次に、各々の下位2ビットを入れ替えます。

　（交叉）　01 | 01、10 | 11

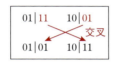

下位2ビットを交叉させ、遺伝子を交換する。

こうして、新世代として、次の4つが残ることになります。

　0111、1001、0101、1011 … 1

▶ 突然変異

突然変異は、文字通りある個体の遺伝子に突然変異を起こさせることをいいます。ここでは、新世代1からランダムに1つの個体を選び、その個体のランダムな遺伝子位置を1ビットだけ書き換えることにします。

例1　上記の新世代1において、ランダムに選んだ1番目の個体の4番目の位置のビットを書き換えてみましょう。

　新世代1において、1番目の個体（0111）の4番目の位置は1なので、これを0に変更します。

```
0 1 1 1
    ↓ 1を0に
0 1 1 0
```

0111 → 0110

これが 例1 の答となります。

生物界において突然変異は、生存率の低い個体が生まれる確率が高いのですが、多様な個体を試せるというメリットがあります。

▶以上の3操作を何回も繰り返す

以上で、親の世代から次の世代が誕生しました。これら3操作(選択、交叉、突然変異)が1サイクルとなります。このサイクルを何度か繰り返すうちに、最小値が得られる確率が高まるはずです。実際、いま考えている 例題 の場合、発生乱数にもよりますが、10サイクル程度の中で、最小値(-9)と、それを実現する x の値3で得られます(下の 演習 を参照)。

以上の例は簡単なものですが、このアイデアはAIの世界で頻繁に利用されます。最初に調べたように「局所解問題」に陥らないための有効な手段だからです。

▶Excelで遺伝的アルゴリズム

演習 先の 例題 をExcelで確認しましょう。

注 本節のワークシートは、ダウンロードサイト(▶244ページ)に掲載されたファイル「2-5.xlsx」の中の「本文」タブにあります。また、「実際」タブには実例をのせています。

最初に、x の候補として本文と同じ4つの値を取り上げます。

	A	B	C	D	E	F	G
1	遺伝的アルゴリズム
2	(例) y=x^4－16x^3/3+6x^2 の最小値
3	0	初期遺伝子
4				0111
5				1001
6				1100
7				1101

4つの値を(ランダムに)取り上げる

これら4つの親から、以下のステップを繰り返し、世代を更新します。

§5 遺伝的アルゴリズム

① 関数値の小さい2つの値を「選択」します。

最小値を求めたいので、上に示した候補の中で、関数値の小さい方の2つを選択し、「選択親」とします。

②「親」の下位2ビットを交叉させます。

親の下位2ビットを入れ替え、新たに2つの「子」を作ります。

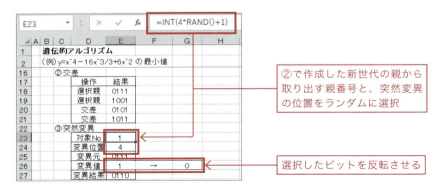

③ ②で作成した新世代の4つの「親」の1つをランダムに選択し、その親の遺伝子の1つをランダムに選び変更します（すなわち突然変異させます）。

047

2章 機械学習のための基本アルゴリズム

> **MEMO** 様々な遺伝的アルゴリズム
>
> 遺伝的アルゴリズム (genetic algorithm、略して GA) は、生命の進化をまねして、合理的な乱数を発生させようとする発想から生まれたものです。本節で調べた手法を発展させたものに、進化的アルゴリズム (evolutionary algorithm) や進化的計算 (evolutionary computation) などがあります。

④ 以上をまとめ、得られた4つの子遺伝子の値 x から、関数 y の値を求めます。そして、それらの最小値を算出します。

新たに得られた子遺伝子に対する関数値 y の最小値を探す。

⑤ この①～④操作を繰り返してみましょう。下記の図は、5回繰り返して、最小値−9を得ました。

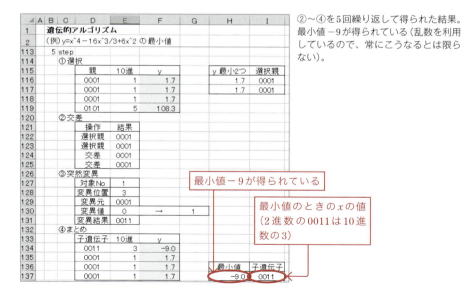

②～④を5回繰り返して得られた結果。最小値 −9 が得られている（乱数を利用しているので、常にこうなるとは限らない）。

最小値−9が得られている

最小値のときの x の値（2進数の0011は10進数の3）

§6 ベイズの定理

 ベイズ理論は21世紀に入って大きく発展した理論の1つです。AIの分野でも活躍しています。そのベイズ理論の出発点となる定理が「ベイズの定理」です。この定理は乗法公式から実に簡単に得られることを確認します。

▶ 条件付き確率

 ある事柄Aが起こったという条件のもとで事柄Bの起こる確率を、AのもとでBの起こる**条件付き確率**といいます。記号$P(B\,|\,A)$で表します。

注 高校の教科書は$P(B\,|\,A)$を$P_A(B)$と表現します。ちなみに、$P(A) \neq 0$と仮定します。

例1 日本人の成人男女の割合は順に49%、51%です。また、喫煙率は男性が28%、女性が9%です。成人日本人から無作為に1人を抽出したとき、男性である事象をM、女性である事象をF、喫煙者である事象をSとします (2018年総務省統計局及びJT調査)。

 このとき、$P(M)$、$P(F)$、$P(S\,|\,M)$、$P(S\,|\,F)$は、次のような値になります。

$$P(M) = 0.49、P(F) = 0.51、P(S\,|\,M) = 0.28、P(S\,|\,F) = 0.09$$

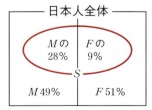

例1の意味。

049

▶乗法定理

条件付き確率$P(B\mid A)$はその定義から次のように式で書くことができます。

$$P(B\mid A) = \frac{P(A\cap B)}{P(A)} \cdots \boxed{1}$$

ここで、$P(A\cap B)$は事象A、Bが同時に起こる確率（同時確率）を表します。式$\boxed{1}$の両辺に$P(A)$を掛ければ、次の**乗法定理**が導出されます。

$$P(A\cap B) = P(A)P(B\mid A) \cdots \boxed{2}$$

「ベイズの定理」はこの乗法定理から得られます。

例2 **例1**において、$P(S\cap M)$、$P(S\cap F)$、$P(S)$を求めましょう。

$$P(S\cap M) = P(M\cap S) = P(M)P(S\mid M) = 0.49\times 0.28 = 0.14$$
$$P(S\cap F) = P(F\cap S) = P(F)P(S\mid F) = 0.51\times 0.08 = 0.04$$
$$P(S) = P(M\cap S) + P(F\cap S) = 0.14 + 0.04 = 0.18$$

注 小数第3位を四捨五入。以下の計算もそのようにします。

▶ベイズの定理

乗法定理$\boxed{2}$から得られる次の公式$\boxed{3}$が**ベイズの定理**です。

$$P(A\mid B) = \frac{P(B\mid A)P(A)}{P(B)} \cdots \boxed{3}$$

証明 乗法定理$\boxed{2}$から、2つの事象A、Bについて次の式が成立します。

$$P(A \cap B) = P(A)P(B \mid A)、P(B \cap A) = P(B)P(A \mid B) \cdots \boxed{4}$$

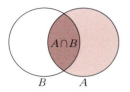
$P(A \cap B) = P(A)P(B \mid A)$

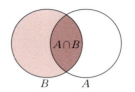
$P(B \cap A) = P(B)P(A \mid B)$

乗法定理 $\boxed{2}$ は事象 A、B について成立する。

$P(A \cap B) = P(B \cap A)$ なので、式 $\boxed{4}$ から、

$$P(B)P(A \mid B) = P(A)P(B \mid A)$$

$P(B) \neq 0$ を仮定し、$P(A \mid B)$ について解けば定理 $\boxed{3}$ が得られます。（**証明終**）

▶ベイズの定理の解釈

定理 $\boxed{3}$ は単に乗法定理を書き換えただけの公式です。この定理を応用の世界で活かすには、定理 $\boxed{3}$ の中の A を「ある仮定（Hypothesis）が成立する」ときの事象 H、B を「結果（すなわちデータ（Data））が得られる」ときの事象 D と解釈しましょう。そして、この解釈に見合うように、定理 $\boxed{3}$ の記号を次のように書き換えておきましょう。

> 仮定 H のもとでデータ D が得られるとき、次の関係が成立する。
> $$P(H \mid D) = \frac{P(D \mid H)P(H)}{P(D)} \cdots \boxed{5}$$

本書で「ベイズの定理」というときは、この式 $\boxed{5}$ を指すことにします。式 $\boxed{3}$ の A、B を H、D と置き換えただけの式ですが、解釈がしやすくなり実用性が増します。

抽象的な話が続いたので、具体的な問題を調べてみましょう。

> **問1** 日本人から無作為に抽出した1人が喫煙の習慣を持つと答えました。この人が男性である確率を求めましょう。なお、人数の比と記号は **例1** に従います。

解 求めたい確率は、**例1** の記法を用いて、$P(M \mid S)$ と表せます。ベイズの定理 **5** において、S をデータ D と、M を仮定 H と考えてみましょう。定理 **5** から、

$$P(M \mid S) = \frac{P(S \mid M)P(M)}{P(S)}$$

例2 から、$P(S) = 0.18$、$P(S \mid M)P(M) = P(M)P(S \mid M) = 0.14$ なので、

$$P(M \mid S) = \frac{P(S \mid M)P(M)}{P(S)} = \frac{0.14}{0.18} = 0.78 \quad \text{答}$$

▶原因の確率

　ベイズの定理 **5** の H は「ある仮定が成立する」ときの事象を表します。ところで、仮定といっても様々に解釈できます。ベイズの理論ではその仮定をデータの「原因」と解釈するのが普通です。そこで以下では H を「原因」と呼ぶことにします。すると、ベイズの定理 **5** の左辺 $P(H \mid D)$ は「データ D が得られたときの原因が H である」と解釈できます。すなわち $P(H \mid D)$ はデータ D の**原因の確率**と考えられるのです。

　常識的には、原因から結果（すなわちデータ）が生まれます。「ベイズの定理」**5** の素晴らしいところは、その常識的な「原因から結果」を生む確率 $P(D \mid H)$ を、結果から原因を探る「原因の確率」$P(H \mid D)$ に結び付けていることです。ベイズの定理 **5** を用いることで、資料として得られたデータ（結果）から、そのデータを生む原因の確率が求められることになります。

§6 ベイズの定理

ベイズの定理 5 はデータが得られる確率とその原因の確率とを結びつける。

▶ベイズの定理をアレンジ

「ベイズの定理」5 をさらに実用的に変形してみましょう。

確率現象においては、考えられるデータの発生原因は複数あるはずです。仮にその原因が独立して3つあるとして、H_1、H_2、H_3と名付けることにします。

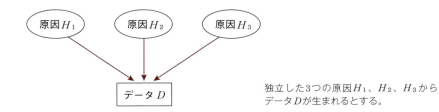

独立した3つの原因H_1、H_2、H_3からデータDが生まれるとする。

3つの原因は独立していると考えるので、データDの得られる確率は3つの原因から生まれた確率の和になり、次のように表せます（下図）。

$$P(D) = P(D \cap H_1) + P(D \cap H_2) + P(D \cap H_3)$$

乗法定理 2 を適用して、

$$P(D) = P(D \mid H_1)P(H_1) + P(D \mid H_2)P(H_2) + P(D \mid H_3)P(H_3) \cdots \boxed{6}$$

注 この関係式 6 を**全確率の定理**と呼びます。

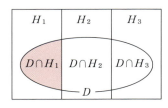

原因や仮定に重複がないとき、Dは$D \cap H_1$、$D \cap H_2$、$D \cap H_3$の3つの和で表現される。これが「全確率の定理」6 の根拠。

さて、原因H_1に着目してみましょう。ベイズの定理5に式6を代入すると、次の式が得られます。

$$P(H_1 \mid D) = \frac{P(D \mid H_1)P(H_1)}{P(D \mid H_1)P(H_1) + P(D \mid H_2)P(H_2) + P(D \mid H_3)P(H_3)} \quad \cdots \text{7}$$

データの原因として3つ考えた場合、データDが原因H_1から得られた場合の確率を表しています。

この式7を次のように一般化するのは容易でしょう。

データDの原因として独立な原因H_1、H_2、…、H_nがあるとします。このとき、データDが得られたとき、その原因がH_iである確率$P(H_i \mid D)$は次のように表せる。

$$P(H_i \mid D) = \frac{P(D \mid H_i)P(H_i)}{P(D \mid H_1)P(H_1) + P(D \mid H_2)P(H_2) + \cdots + P(D \mid H_n)P(H_n)} \quad \cdots \text{8}$$

この式8がベイズの定理の実用的な公式となります。

▶尤度、事前確率、事後確率

ベイズの理論ではベイズの定理8の各項を特別な名で呼びます。

右辺の分子にある$P(D \mid H_i)$を**尤度**と呼びます。原因H_iのもとでデータDの現れる「尤もらしい」確率を表すからです。これは統計モデルを確定することで得られます。

その右隣にある$P(H_i)$を原因H_iの**事前確率**と呼びます。データDの得られる前の確率ということで、その名が付けられています。

式8の右辺分母は**周辺尤度**と呼ばれます。すべての原因H_iについて尤度$P(D \mid H_i)$の和をとって得られる確率の形をしているからです。

左辺にある$P(H_i \mid D)$を原因H_iの**事後確率**と呼びます。データDが現れた後の確率だからです。

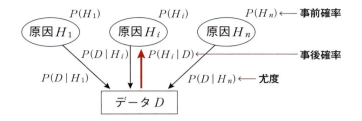

> **問2** ある調査では、U党支持者の60%、V党支持者の30%、それ以外の人の40%、が現内閣を支持しているといいます。国民から1人を無作為に選んだところ、その人は現内閣を支持していました。その人がU党の支持者である確率を求めましょう。なお、U党、V党、それ以外の支持者の人数の割合は4：2：4であることが知られています。

解 公式8において、H_1、H_2、H_3、Dは次のように設定できます。

H_1：U党支持者、 H_2：V党支持者、 H_3：それ以外
D：現内閣を支持

題意から、

尤度 　　：$P(D|H_1) = 0.6$、$P(D|H_2) = 0.3$、$P(D|H_3) = 0.4$
事前確率：$P(H_1) = 0.4$、$P(H_2) = 0.2$、$P(H_3) = 0.4$

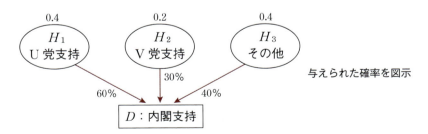

与えられた確率を図示

求めたい確率（事後確率）は$P(H_1 \mid D)$と表現できるので、答は公式8から次のように得られます。

$$P(H_1 \mid D) = \frac{0.6 \times 0.4}{0.6 \times 0.4 + 0.3 \times 0.2 + 0.4 \times 0.4} = \frac{12}{23} = 52\% \quad \text{答}$$

▶ 有名な例題でベイズの定理を確認

ベイズ理論で有名な「壺の問題」を紹介します。多くの応用は、この壺のアナロジーで理解することができます。

> **例題** 外からは区別のつかない2つの壺a、bがあります。壺aには白玉が2個、赤玉が3個入っています。壺bには白玉が4個、赤玉が8個入っています。いま、壺a、bのいずれか1つがあり、その壺から玉1個を取り出したら、白玉だったといいます。このとき、その壺がaである確率を求めましょう。またbである確率も求めましょう。

最初に、H_a、H_b、Rを次のように定義しましょう。

H_a：壺aから玉を取り出す
H_b：壺bから玉を取り出す
W：取り出した玉が白玉である

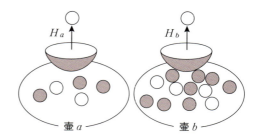

注 Wはwhiteの頭文字。

求める確率は「取り出された玉が白」のとき、「それが壺aからのものである確率」$P(H_a \mid W)$と、「それが壺bからのものである確率」$P(H_e \mid W)$です。

ベイズの公式のアレンジ8は次のように表せます。

$$P(H_a \mid W) = \frac{P(W \mid H_a)P(H_a)}{P(W \mid H_a)P(H_a) + P(W \mid H_b)P(H_b)} \quad \cdots \boxed{9}$$

$$P(H_b \mid W) = \frac{P(W \mid H_b)P(H_b)}{P(W \mid H_a)P(H_a) + P(W \mid H_b)P(H_b)}$$

これらの式の中の「尤度」の部分 $P(W \mid H_a)$、$P(W \mid H_b)$ を求めましょう。題意から、次の値になります。

$$P(W \mid H_a) = 「壺 a から取り出され玉が白である確率」 = \frac{2}{2+3} = \frac{2}{5} \quad \cdots \boxed{10}$$

$$P(W \mid H_b) = 「壺 b から取り出され玉が白である確率」 = \frac{4}{4+8} = \frac{1}{3} \quad \cdots \boxed{11}$$

次に、「事前確率」$P(H_a)$、$P(H_b)$ を調べましょう。

問題文には壺 a と壺 b がどのような割合で選ばれるかの情報がありません。そこで、事前確率は各々の壺が「等確率」になるように設定します。

$$P(H_a) = P(H_b) = \frac{1}{2} \quad \cdots \boxed{12}$$

このように、なにも情報が無ければ確率は同等であるという発想を**理由不十分の原則**と呼びます。ベイズの理論の特徴です。

それでは、ベイズの公式のアレンジ形 $\boxed{9}$ に、具体的な値 $\boxed{10}$、$\boxed{11}$、$\boxed{12}$ を代入しましょう。計算して 例題 の解答が得られます。

$$P(H_a \mid W) = \frac{\frac{2}{5} \times \frac{1}{2}}{\frac{2}{5} \times \frac{1}{2} + \frac{1}{3} \times \frac{1}{2}} = \frac{6}{11} \fallingdotseq 55\%、$$

$$P(H_b \mid W) = \frac{\frac{1}{3} \times \frac{1}{2}}{\frac{2}{5} \times \frac{1}{2} + \frac{1}{3} \times \frac{1}{2}} = \frac{5}{11} \fallingdotseq 45\%$$

注 題意から、当然 $P(H_a \mid W) + P(H_b \mid W) = 1$ です。

▶ベイズの定理は学習を表現

この 例題 で、取り出した玉を元の壺に戻し、再度1つの玉を無作為に抽出したとしましょう。このとき事前分布 $P(H_a)$、$P(H_b)$ にはどんな値を設定するのがよいでしょうか。当然1つ目のデータを生かした確率を設定すべきです。すなわち、1つ目のデータから得られた事後確率を、新たな2つ目の事前確率とすべきなのです。こうして、ベイズの定理を用いると、データからモデルが学習していくのです。ベイズの定理がAIの分野で活躍するのは、この性質のためです。

▶Excelでベイズの定理

以下の 演習 は様々なベイズの定理の応用の基本になります。

> 演習 例題 をExcelで計算してみましょう。

注 本節のワークシートは、ダウンロードサイト（▶244ページ）に掲載されたファイル「2_6.xlsx」にあります。

① **モデルを設定します。**

題意から、ベイズ理論の基本となる事前確率、尤度を設定します。

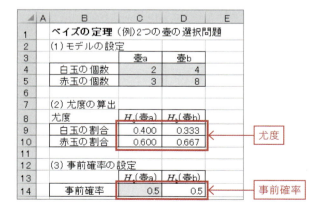

§6 ベイズの定理

② **事後確率を算出します。**

ベイズの定理9を用いることで、本文に示した解答が得られます。

	A	B	C	D	E
1		ベイズの定理 (例) 2つの壺の選択問題			
2		(1) モデルの設定			
3			壺a	壺b	
4		白玉の個数	2	4	
5		赤玉の個数	3	8	
6					
7		(2) 尤度の算出			
8		尤度	H_a(壺a)	H_b(壺b)	
9		白玉の割合	0.400	0.333	
10		赤玉の割合	0.600	0.667	
11					
12		(3) 事前確率の設定			
13			H_a(壺a)	H_b(壺b)	
14		事前確率	0.5	0.5	
15					
16		(4) データ入力と事後確率の計算			
17		データ(玉の色)	白		
18					
19			H_a(壺a)	H_b(壺b)	
20		事後確率	0.545	0.455	

ワークシートでは「赤玉」が取り出された場合にも一般化できるように、関数を入力している。

=IF($C$17="白",C9*C14/($C$9*$C$14＋$D9*$D14),
C10*C14/($C$10*$C$14＋$D10*$D14))

MEMO　ベイズの基本公式とベイジアンネットワーク

次のベイズの定理 1 を見てみましょう。

$$P(H \mid D) = \frac{P(D \mid H)P(H)}{P(D)} \cdots \boxed{1}$$

先に述べたように、データ D が得られるたびに、仮定 H の起こる確率 $P(H)$ が更新される式と解釈できます。このような解釈を具体的に応用したものに**ベイジアンネットワーク**があります。

ベイジアンネットワークの基本例として、下図を見てみましょう。

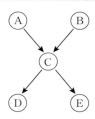

ベイジアンネットワークの基本例

Aが起こると、それが原因でCが起こり、それがさらに原因となってDやEに波及するという事象を表現しています。Cの原因としてはA以外にBも表示されています。

図の中の○は**ノード**（node）と呼ばれます。中の文字は確率変数の役割も果たします。たとえば、Aには、Ⓐが起こったときは1、起こらないときには0、という値を対応させます。図の中の矢印は原因と結果、すなわち因果関係を表します。この矢印は原因から結果に向けられ、それに条件付き確率が付与されます。以上の前提の下で、ノードの関係を数値的に結び付ける式がベイズの定理 1 になります。

このように設定されたネットワークを考えることで、原因と結果の連鎖が確率の連鎖として究明できるようになります。21世紀に入ってから、AIの分野でも広く利用されるようになりました。

3章
回帰分析

AIの大切な仕事の1つに「予測」があります。その予測のための基本が回帰分析です。回帰方程式を通して、学習データから未知のデータを予測することが可能になります。

重回帰分析

回帰分析は「教師あり学習」に分類されるデータ分析術です。統計学では古典的な分析術の1つとして有名ですが、AIの分野でも大活躍します。それは未知のデータを「学習データ」から予測できるからです。

▶重回帰分析

▶2章 §1では線形の単回帰分析を調べました。ここでは3変数以上の資料の回帰分析である**重回帰分析**を、具体的に次の 例題 で考えてみましょう。

例題 次のデータは、ある企業の社員20人のデータです。3年後の社員の実力を「給与」で測定しています。

社員番号 k	筆記試験 w	面接試験 x	3年後給与 y	社員番号 k	筆記試験 w	面接試験 x	3年後給与 y
1	65	83	345	11	94	95	371
2	98	63	351	12	66	70	315
3	68	83	344	13	86	85	348
4	64	96	338	14	69	85	337
5	61	55	299	15	94	60	351
6	92	95	359	16	73	86	344
7	65	69	322	17	94	84	375
8	68	54	328	18	83	92	361
9	68	97	363	19	63	70	326
10	80	51	326	20	78	98	387

この資料から、3年後の社員の実力「給与」y を「筆記試験」w と「面接試験」x から次の式で予測してみましょう。

$$y = aw + bx + c \quad (a、b、c は定数) \cdots \boxed{1}$$

式1を線形の重回帰分析の**回帰方程式**といいます。この式が得られれば、採用試験において人事担当は大切な判断材料を得ることになります。

注 回帰分析では、変数yを**目的変数**、変数x、wを**説明変数**といいます。また、a、bを**偏回帰係数**と呼びます。

▶ 重回帰分析の回帰方程式のイメージ

回帰方程式1のイメージを調べてみましょう。よく知られているように、式1は平面の式を表します（下図）。例題のような3変数で構成されるデータは3次元空間内の点の集まりとして表現されますが、回帰方程式1はそれらを平面で近似しようとするのです。これを**回帰平面**と呼びます。「線形の単回帰分析」では、回帰方程式は回帰直線を表しました（▶2章§1）。回帰平面はこれを拡張したと考えられます。

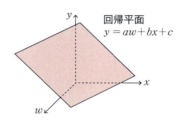

単回帰分析のイメージ　　回帰方程式1のイメージ

ちなみに、資料に現れる変数が4変数以上になると、重回帰分析のイメージを作画することはできません。しかし、その際にも、この回帰平面のイメージは回帰方程式を理解するのに役立ちます。

▶ 回帰方程式の求め方

回帰方程式1の定数a、b、cの決定法は▶2章§1では「線形の単回帰分析」で調べた方法と全く同一です。最小2乗法で決定されるのが一般的なのです。そこで、先に調べた単回帰分析の論法をなぞってみましょう。

3章 回帰分析

まず回帰方程式から得られる値(**予測値**)と実データyとの誤差を考えます。データのk番目の要素に関する誤差は、式$\boxed{1}$から次のように算出されます($k = 1, 2, \cdots, 20$)。

$$k\text{番目の社員に関する誤差} = y_k - (aw_k + bx_k + c) \cdots \boxed{2}$$

ここで、w_k、x_k、y_kは変数w、x、yのk番目の値です。この意味を次の表で確認してください。

社員番号 k	筆記試験 w	面接試験 x	3年後給与 y	予測値	誤差 e
1	65	83	345	$65a+83b+c$	$345-(65a+83b+c)$
2	98	63	351	$98a+63b+c$	$351-(98a+63b+c)$
3	68	83	344	$68a+83b+c$	$344-(68a+83b+c)$
…	…	…	…	…	…
20	78	98	387	$78a+98b+c$	$387-(78a+98b+c)$

式$\boxed{2}$で得られる「誤差」は正にも負にもなり、データ全体で加え合わせると0になってしまいます。そこで、次の平方誤差e_kを考えます。

$$e_k = \{\text{式}\boxed{2}\text{の値}\}^2 = \{y_k - (aw_k + bx_k + c)\}^2 \cdots \boxed{3}$$

この平方誤差$\boxed{3}$をデータ全体で加え合わせた値Eを考えましょう。

$$E = \{345 - (65a+83b+c)\}^2 + \{351 - (98a+63b+c)\}^2 + \\ \cdots + \{387 - (78a+98b+c)\}^2 \quad \cdots \boxed{4}$$

Eは誤差の総量であり、最適化の観点では**目的関数**と呼ばれるものです。このEを最小にするように、回帰方程式の中の定数a、b、cを決定するのが回帰分析の一般的な手法なのです。

このとき、パラメーターa、b、cは、単回帰分析(▶2章§1)のときと同様、次の方程式を解いて求められます。

$$\frac{\partial E}{\partial a} = 0、\frac{\partial E}{\partial b} = 0、\frac{\partial E}{\partial c} = 0 \cdots \boxed{5}$$

▶2章§1のときと同様に計算して、式$\boxed{5}$から次の値が得られます。

$a=0.97$、$b=0.87$、$c=202.4$ … $\boxed{6}$

よって、回帰方程式は次のように表せます。

$$y = 0.97w + 0.87x + 202.4 \cdots \boxed{7}$$

注 方程式$\boxed{5}$の計算法については▶付録Lを参照してください。なお、次節（▶§2）では、微分の式$\boxed{5}$は利用せず、直接目的関数$\boxed{4}$を用いて最適化します。

▶回帰方程式で分析

回帰方程式が求められたところで、これを未知のデータの予測に利用してみましょう。

> **問** 採用試験で、筆記試験wが82点、面接試験xが77点の受験者の3年後の給与はいくらになるか、予測してみましょう。

解 求められている回帰方程式$\boxed{7}$に、題意の数値を代入します。

$y = 0.97 \times 82 + 0.87 \times 77 + 202.4 = 349$（万円） **答**

この問が示すように、回帰方程式は新たなデータに対して、経験的な判断を提供してくれます。実際、社員選考に際して、人事担当はこの値を大いに参考にするでしょう。AIの分野で回帰方程式が活躍する理由がここにあります。

> **MEMO AI採用**
>
> 近年、多くの企業で社員の「AI採用」が現実となっています。働き方が多様化し、それに伴って採用試験も複雑化して、人事担当の負担が増しているからです。AI採用は強力な救世主になっています。
> 多くの企業では、最初の書類選考の段階でAIを利用しています。機械学習で培われた構文解析の技術を利用し、文章力等が点数化されます。その数値化された結果から受験者の能力を推定するのに、本節で調べた重回帰分析が力を発揮します。本節で調べた重回帰分析は単純なものですが、その分析の実際は垣間見られるでしょう。

3章 回帰分析

§2 重回帰分析をExcelで体験

回帰分析はAIの数学的技法の基本です。ここではしくみが見えるよう、最も原初的な方法を用いて、前節（▶§1）の 例題 を解いてみます。

▶Excelで回帰分析

次の具体例を通して、Excelによる回帰分析を調べましょう。

> 演習　前節（▶§1）の 例題 を、最適化の流れに沿ってExcelを用いて解いてみましょう。また、▶§1の 問 もExcelを用いて解いてみましょう。

注 本節のワークシートは、ダウンロードサイト（▶244ページ）に掲載されたファイル「3.xlsx」にあります。

求めたい回帰方程式を次のように置き、ステップを追って調べます。

$$y = aw + bx + c \quad (a、b、c は定数) \cdots \boxed{1}$$

① **データを入力し、仮のパラメーターa、b、cの値を適当に設定します。**

データと仮のパラメーターの値を用いて、回帰方程式 $\boxed{1}$ から目的変数 y の予測値を計算します。

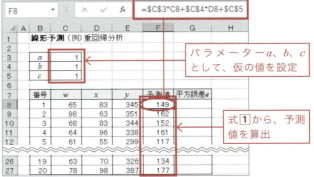

§ 2 重回帰分析をExcelで体験

② 各社員について平方誤差 e を算出します。

前節（▶ §1）の式 $\boxed{3}$ を用いて、平方誤差 e を求めましょう。

	A	B	C	D	E	F	G
		\multicolumn{6}{c|}{G8　　　　　　　f_x　=(E8-F8)^2}					

	A	B	C	D	E	F	G
1	線形予測（例）重回帰分析						
2							
3		a	1				
4		b	1				
5		c	1				
6							
7		番号	w	x	y	予測値	平方誤差 e
8		1	65	83	345	149	38416
9		2	98	63	351	162	35721
10		3	68	83	344	152	36864
11		4	64	96	338	161	31329
12		5	61	55	299	117	33124
26		19	63	70	326	134	36864
27		20	78	98	387	177	44100

▶ §1 式 $\boxed{3}$ から、平方誤差 e を算出

MEMO Excel で重回帰分析

　本節で用いた計算法は、最小2乗法のしくみを見るためのもので、大変回りくどい方法を採用しています。後述のニューラルネットワークなどのしくみを理解するのに、よい予習になるからです。実際、ニューラルネットワークのパラメーターは、本節と同様に算出されます。

　Excel を用いて実際に重回帰分析するときには、本節で利用したソルバーは不要です。LINEST という Excel 関数1つで済みます。偏回帰係数等が即座に算出されます。

　また、Excel の「データ」メニューにある「データ分析」から、「回帰分析」というメニューを利用してもよいでしょう。対話形式で本節 $\boxed{2}$ $\boxed{3}$ の式がすぐに得られます。

　ちなみに、「データ分析」は「ソルバー」と同様、Excel の標準アドインです。

3章 回帰分析

③ 平方誤差の総和である目的関数Eを算出します（▶§1式 4 ）。

④ **ソルバーを起動します。**

ソルバーにおいて、目的関数Eの入ったセルを「目的セル」に、仮のパラメーターの値の入ったa、b、cのセルを「変数セル」にセットします。

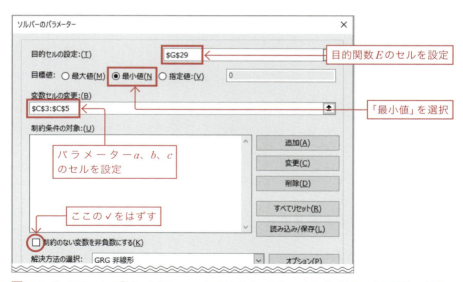

注 ソルバーはExcelの「データ」メニューにあります。なお、ソルバーはExcelの標準アドインで、インストール作業が必要な場合があります（▶付録B）。

⑤ ソルバーを実行します。

次図に示すように、パラメーターa、b、cの値が下記のように得られます。

$a = 0.97$、$b = 0.87$、$c = 202.4$ … $\boxed{2}$

また、回帰方程式は次のように表せます。

$y = 0.97w + 0.87x + 202.4$ … $\boxed{3}$

以上の$\boxed{2}$$\boxed{3}$が▶§1で示した式$\boxed{6}$$\boxed{7}$になります。

	A	B	C	D	E	F	G
1	線形予測（例）重回帰分析						
2							
3		a	0.97				
4		b	0.87				
5		c	202.4				
6							
7		番号	w	x	y	予測値	平方誤差e
8		1	65	83	345	337.3	59.0
9		2	98	63	351	351.8	0.6
10		3	68	83	344	340.2	14.3
11		4	64	96	338	347.7	93.3
12		5	61	55	299	309.1	102.2
26		19	63	70	326	324.1	3.7
27		20	78	98	387	362.9	580.4
28							
29						E	1823.7

最適化されたパラメーターa、b、cの値

最適化されたEの値。0にはならないことに注意

　注意すべきことは、目的関数、すなわち平方誤差の総和Eが0になっていないことです。それは回帰方程式$\boxed{3}$から得られる予測値が実測値yを正確に表現できていないことから明らかです。大きさ20のデータをたかだか3つのパラメーターa、b、cで説明しようとする妥協点が回帰方程式$\boxed{3}$なのです。

⑥ ▶§1 問 を解いてみましょう。

題意の「筆記試験 w が82点、面接試験 x が77点」を手順⑤で得られた回帰方程式の式に代入します。こうして、▶§1 問 の解が得られます。

以上が 演習 の解答です。

> **MEMO** 統計学と機械学習の境界
>
> 回帰分析は統計学で用いられるツールの代表です。これを機械学習の分野に含めてよいかは議論が分かれるところです。
> 一般的に、統計学と機械学習の境は曖昧です。データに向かい合い、そこから新たな情報を得ようとする目標は、両者とも同一だからです。実際、数学的に見れば、両者の区別は付けにくいものです。例えば回帰分析とディープラーニングについて、そのモデルとアルゴリズムを比較してみましょう。
>
> 注 ここでは代表的なモデルとアルゴリズム (最適化法) を示しています。
>
> | | 線形の重回帰分析 | ディープラーニング |
> | :---: | :--- | :--- |
> | モデル | 線形の方程式 | 多層のニューラルネットワーク |
> | 最適化法 | 最小2乗法 | 最小2乗法 |
>
> 数学的には、モデルが異なるだけで最適化法は同様なのです。
> このように、統計学で培われたアルゴリズムの手法は機械学習でも活躍します。次節で調べる SVM の手法も、統計学では「判別分析」と呼ばれる分析法の1つと考えられます。

4章

サポートベクターマシン
(SVM)

ディープラーニングが普及する以前、機械学習のデータ識別法として、サポートベクターマシン（略してSVM）が主流の位置を占めていました。現在でもよく利用されているので、そのしくみの基本を調べましょう。

§1 サポートベクターマシン(SVM)のアルゴリズム

サポートベクターマシン(SVM)は、1960年代に開発されたデータ識別用の技法で、現在でも広く利用されています。**マージンの最大化**というアイデアを用いて識別用の関数(すなわち**識別関数**)を求めます。一般論で調べると式が複雑になるので、具体例でそのしくみを見ることにしましょう。

▶ **具体例で見てみよう**

次の簡単な 例題 を通して、サポートベクターマシンの考え方を調べます。

> 例題 下表は、男性A、B、Cと女性D、E、Fを対象に、製品X、Yの好感度x、yを調べた結果です。この表から、SVMを用いて、男女を区別するx、yの線形の識別関数を求めましょう。
>
> | No | 名前 | 好感度 x | 好感度 y | 類別 |
> |---|---|---|---|---|
> | 1 | A | 0 | 0 | 男 |
> | 2 | B | 0 | 1 | 男 |
> | 3 | C | 1 | 1 | 男 |
> | 4 | D | 1 | 0 | 女 |
> | 5 | E | 2 | 0 | 女 |
> | 6 | F | 2 | 1 | 女 |

好感度(x, y)を座標とした点で、6人A~Fを表してみましょう。

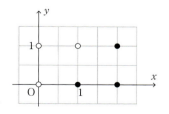

白丸(○)は男、黒丸(●)は女。

§1 サポートベクターマシン（SVM）のアルゴリズム

　男女を識別する2変数x、yの「線形の識別関数」は、この平面上の直線を表します。ところで、白丸（男性）と黒丸（女性）を識別する直線はいく通りもあります（下図）。

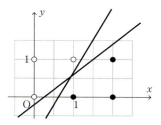

白丸（○）と黒丸（●）を識別する直線はいろいろ引ける。

　いく通りもある識別のための直線のうち、SVMは**マージンの最大化**という考え方で、その中の1本を確定します。この方程式を次のように表すことにし、今後「識別直線」と呼ぶことにします。

$$ax + by + c = 0 \quad (a, b は同時に0にならない) \cdots \boxed{1}$$

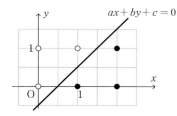

求めたい識別直線の方程式を
　$ax + by + c = 0$
とおく。

　さて、この識別直線$\boxed{1}$と等間隔で、ちょうど男女の境界の縁（マージン）を通る平行な2直線を描いてみましょう。

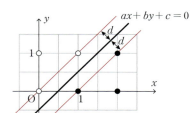

識別直線$\boxed{1}$に平行に2直線を引く。各々は識別するデータの縁（マージン）を通るとする。このとき、幅dを最大化することが「マージンの最大化」という考え方である。

「マージンの最大化」とは、この平行な2直線の間隔dを最大にすることです。そして、この縁にある男女のデータ要素（最低各1つ以上）を**サポートベクター**といいます。

直感的に言うと、男女のデータを区切る最大幅の片側1車線直線道路を作ったとき、そのセンターラインが求めたい識別関数になるのです。このとき、路肩にある男女の点が「サポートベクター」となります。

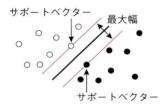

最大幅の片側1車線直線道路でデータを分けるイメージがSVMの原理。そのセンターラインが目的の識別関数を表す。

▶マージンの最大化を式で表現

では、この「マージンの最大化」を式で表現してみましょう。

識別直線 1 に平行で、サポートベクターを通る2本の直線を次のように置いてみましょう。

$ax + by + c = 1$、$ax + by + c = -1$ … 2

係数a, b, cは符号を含めた定数倍の不定性を持っているので、このように置いても一般性を欠くことはありません（▶下記 MEMO 参照）。

MEMO　直線の式の不定性

1本の直線を表す方程式$ax + by + c = 0$には不定性があります。
例えば、方程式$2x + 3y + 4 = 0$が表す直線は、次のように表された直線と同一です。

$4x + 6y + 8 = 0$、$-2x - 3y - 4 = 0$

そこで、式 2 のように直線を置くことが許されるわけです。

§1 サポートベクターマシン（SVM）のアルゴリズム

さて、与えられた資料において、男に所属するデータの要素には-1を与え「負例」と呼ぶことにします。また、女に所属するデータの要素には1を与え、「正例」と呼ぶことにします。

	No	名	x	y	類別	正負
負例	1	A	0	0	男	-1
	2	B	0	1	男	-1
	3	C	1	1	男	-1
正例	4	D	1	0	女	1
	5	E	2	0	女	1
	6	F	2	1	女	1

注 女を負例にし、男を正例にしても、結論は同じ。

ここで、次の関係を仮定しましょう。i番目の人の好感度(x, y)を(x_i, y_i)として、

$$\left. \begin{array}{l} 負例（男）：ax_i + by_i + c \leq -1 \\ 正例（女）：ax_i + by_i + c \geq 1 \end{array} \right\} \cdots \boxed{3}$$

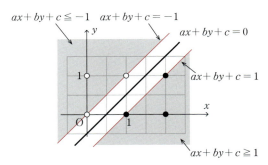

3次元で考えると、平面
$$z = ax + by + c$$
の下側に○、上側に●が配置されることになる。

ここからはサポートベクトルに焦点を当てます。サポートベクトルとなるデータ要素を表す点(x_i, y_i)は、式$\boxed{2}$から次の関係を満たします。

$$\left. \begin{array}{l} 負例（すなわち男）：ax_i + by_i + c = -1 \\ 正例（すなわち女）：ax_i + by_i + c = 1 \end{array} \right\} \cdots \boxed{4}$$

4章 サポートベクターマシン（SVM）

サポートベクターから識別直線 1 に引いた垂線の長さを d としましょう。すると、高校で習う「点と直線の距離の公式」から、サポートベクターとなるデータの点 (x_i, y_i) から識別直線 1 に引いた垂線の長さは次のように表せます。

$$d = \frac{|ax_i + by_i + c|}{\sqrt{a^2 + b^2}}$$

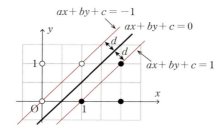

マージン最大化の方針のために、幅 d は最大化する。

サポートベクターの座標 (x_i, y_i) は式 4 を満たすので次式が成立します。

$$d = \frac{1}{\sqrt{a^2 + b^2}} \quad \cdots \boxed{5}$$

マージン最大化の方針は、この距離 d を最大化（すなわち $a^2 + b^2$ を最小化）することを要求します。そして、そのとき得られる a、b が識別直線 1 の係数 a、b になるわけです。

こうして、直線 1 とサポートベクターを求める目標が得られました。次のようにまとめられます。

データを表す点 (x_i, y_i) について $(i = 1, 2, \cdots, 6)$、

$$\left.\begin{array}{l}\text{負例に対して } ax_i + by_i + c \leqq -1、\\ \text{正例に対して } ax_i + by_i + c \geqq 1\end{array}\right\} \cdots \boxed{3}\text{（再掲）}$$

の条件の下で、次の式の値を最小にする a、b、c を求める。

$$\frac{1}{2}(a^2 + b^2) \quad \cdots \boxed{6}$$

こうして得られたa、b、cについて、条件$\boxed{4}$を満たす点(x_i, y_i)がサポートベクトルになります。ちなみに、式$\boxed{6}$の係数$\frac{1}{2}$は今後の計算が見やすいようにするために付加しました。「$a^2 + b^2$の最小化」とそれを半分にした式$\boxed{6}$の最小化とは同じだからです。

▶双対問題に変換

ここで突然ですが、話を一般化できるように、次のような変数t_iを導入します（$i = 1, 2, \cdots, 6$）。

正例に対して$t_i = 1$、負例にたいして、$t_i = -1$

すると、簡単な計算から、条件$\boxed{3}$は次のように1つにまとめられます。

$$t_i(ax_i + by_i + c) \geq 1 \cdots \boxed{7}$$

注 t は teacher の頭文字。SVMにおいて、この値t_iが**正解ラベル**になります。

こうして、識別直線$\boxed{1}$の係数a、bを求める条件$\boxed{3}$が1つに表現されました。すると目標はさらに次のように簡潔に表現できます。

$t_i(ax_i + by_i + c) \geq 1$の条件で、

$\frac{1}{2}(a^2 + b^2)$を最小にするa、b、cを求める。 $\cdots \boxed{8}$

さて、▶2章§3では、「双対問題」という技法を調べました。これを利用すると、この目標$\boxed{8}$は次の双対問題に置き換えられます。

$$L = \frac{1}{2}(a^2 + b^2) + \mu_1\{1 - t_1(ax_1 + by_1 + c)\} + \mu_2\{1 - t_2(ax_2 + by_2 + c)\}$$
$$+ \cdots + \mu_6\{1 - t_6(ax_6 + by_6 + c)\} \cdots \boxed{9}$$

について、a、b、cに関する**最小値**を求める。さらに、得られたμ_1、$\cdots$、μ_6の式について、その**最大値**を求める。ただし、μ_1、$\cdots$、μ_6は0以上。

4章 サポートベクターマシン（SVM）

では、この双対問題を具体的に解いてみましょう。

最初に、a、b、cに関して、このLの最小値mを求めてみます。それには次のように偏微分が利用できます（▶付録E）。

$$\frac{\partial L}{\partial a} = a - \mu_1 t_1 x_1 - \mu_2 t_2 x_2 - \cdots - \mu_6 t_6 x_6 = 0$$

$$\frac{\partial L}{\partial b} = b - \mu_1 t_1 y_1 - \mu_2 t_2 y_2 - \cdots - \mu_6 t_6 y_6 = 0$$

$$\frac{\partial L}{\partial c} = -t_1 \mu_1 - t_2 \mu_2 - \cdots - t_6 \mu_6 = 0$$

これから、次の関係式が得られます。

$$\left.\begin{array}{l} a = \mu_1 t_1 x_1 + \mu_2 t_2 x_2 + \cdots + \mu_6 t_6 x_6 \\ b = \mu_1 t_1 y_1 + \mu_2 t_2 y_2 + \cdots + \mu_6 t_6 y_6 \end{array}\right\} \cdots \boxed{10}$$

$$t_1 \mu_1 + t_2 \mu_2 + \cdots + t_6 \mu_6 = 0 \cdots \boxed{11}$$

式$\boxed{9}$のLに代入して、

$$\begin{aligned} L &= \frac{1}{2}(a^2 + b^2) + \mu_1 \{1 - t_1(ax_1 + by_1 + c)\} + \mu_2 \{1 - t_2(ax_2 + by_2 + c)\} \\ &\quad + \cdots + \mu_6 \{1 - t_6(ax_6 + by_6 + c)\} \\ &= \frac{1}{2}(a^2 + b^2) - a(\mu_1 t_1 x_1 + \mu_2 t_2 x_2 + \cdots + \mu_6 t_6 x_6) \\ &\quad - b(\mu_1 t_1 y_1 + \mu_2 t_2 y_2 + \cdots + \mu_6 t_6 y_6) + (\mu_1 + \mu_2 + \cdots + \mu_6) \\ &= \frac{1}{2}(a^2 + b^2) - a(a) - b(b) + (\mu_1 + \mu_2 + \cdots + \mu_6) \end{aligned}$$

これを整理して、最小化すべき目標の式$\boxed{9}$は次のように簡潔にまとめられます。

$$L = -\frac{1}{2}(a^2 + b^2) + (\mu_1 + \mu_2 + \cdots + \mu_6) \cdots \boxed{12}$$

ここで、a、bは式$\boxed{10}$で与えられます。

計算しやすいように変形

さらに式を変形しましょう。式10より、

$$a^2 = (\mu_1 t_1 x_1 + \mu_2 t_2 x_2 + \cdots + \mu_6 t_6 x_6)^2$$
$$= \mu_1 \mu_1 t_1 t_1 x_1 x_1 + \mu_1 \mu_2 t_1 t_2 x_1 x_2 + \mu_1 \mu_3 t_1 t_3 x_1 x_3 + \cdots + \mu_6 \mu_6 t_6 t_6 x_6 x_6$$
$$b^2 = (\mu_1 t_1 y_1 + \mu_2 t_2 y_2 + \cdots + \mu_6 t_6 y_6)^2$$
$$= \mu_1 \mu_1 t_1 t_1 y_1 y_1 + \mu_1 \mu_2 t_1 t_2 y_1 y_2 + \mu_1 \mu_3 t_1 t_3 y_1 y_3 + \cdots + \mu_6 \mu_6 t_6 t_6 y_6 y_6$$

こうして、式12のLは与えられたデータx_i、y_i、t_i ($i = 1, 2, \cdots, 6$)と求めたい変数μ_1、μ_2、$\cdots$、μ_6だけの式に変形されました。

$$L = -\frac{1}{2}\{\mu_1 \mu_1 t_1 t_1 (x_1 x_1 + y_1 y_1) + \mu_1 \mu_2 t_1 t_2 (x_1 x_2 + y_1 y_2)$$
$$+ \mu_1 \mu_3 t_1 t_3 (x_1 x_3 + y_1 y_3) + \cdots + \mu_6 \mu_6 t_6 t_6 (x_6 x_6 + y_6 y_6)\} \quad \cdots 13$$
$$+ (\mu_1 + \mu_2 + \cdots + \mu_6)$$

このように表現すれば、計算がしやすく、一般的なデータへの拡張も容易でしょう。すなわち、目標は次のように定まったのです。

> 条件11の下で、0以上のμ_1、μ_2、$\cdots$、μ_6について、式13のLの最大値を求める。 $\cdots$ 14

注 データの大きさの数だけある制約条件7が、たった1個の制約条件11に激減したのです。プログラム作成上、これはありがたい結果です。

この目標14はExcelの得意とするところです。次の節で、実際に計算してみましょう。その結果は次の通りです。

$$\left.\begin{array}{l}\mu_1 = 1.648、\mu_2 = 0.000、\mu_3 = 2.352 \\ \mu_4 = 3.648、\mu_5 = 0.000、\mu_6 = 0.352\end{array}\right\} \cdots 15$$

これから、式10を利用して、

$$a = 2、b = -2 \cdots 16$$

▶ サポートベクターと定数項 c を求める

サポートベクターを求めましょう。式 4 から、与えられたデータ要素の中で、サポートベクターとなるデータ (x, y) は次の式を満たします。

$$
\left.\begin{array}{l}
（正例）ax+by+c=1 \quad \text{すなわち、} c=1-(ax+by) \\
（負例）ax+by+c=-1 \quad \text{すなわち、} c=-1-(ax+by)
\end{array}\right\} \cdots \boxed{17}
$$

ところで、ラグランジュ双対問題の式 9 からわかるように、「a^2+b^2 の最小化」に関与するものは $\mu_i > 0$ の場合です（関与しなければ $\mu_i = 0$）。このことと、上記 17 に結果 15 16 を代入して、次の表が作成できます。

	No	名	x	y	μ	SV	c
負例	1	A	0	0	1.648	YES	-1.000
	2	B	0	1	0.000	NO	
	3	C	1	1	2.352	YES	-1.000
正例	4	D	1	0	3.648	YES	-1.000
	5	E	2	0	0.000	NO	
	6	F	2	1	0.352	YES	-1.000

注 表頭にある「SV」はサポートベクターの略。

この表から識別直線 1 の定数項 c が定められました。

$c = -1 \cdots \boxed{18}$

目的の識別直線の方程式 1 は式 16 18 から次のように得られます。

$2x - 2y - 1 = 0 \cdots \boxed{19}$

これまでに得られた解が条件を満たしていることを、右図で確かめてください。

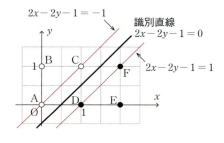

識別直線の方程式は 19 となる。データの中で、要素 A、C、D、F がサポートベクターであることがわかる。

§2 サポートベクターマシン（SVM）をExcelで体験

前節で調べたSVMのしくみをExcelで確認してみましょう。

▶ExcelでSVM

前節で調べた 例題 を、ステップを追って調べましょう。

> 演習 ▶§1の 例題 の解を、Excelで求めましょう。

注 本節のワークシートは、ダウンロードサイト（▶244ページ）に掲載されたファイル「4.xlsx」にあります。

① データを入力し、μ_1、μ_2、…、μ_6のセルを用意し値をセットします。

μ_1、μ_2、…、μ_6には適当な値を設定します。また、それらの満たすべき条件式（▶§1の11）を収めるセルも用意します。

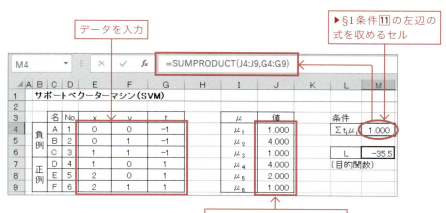

4章 サポートベクターマシン（SVM）

② ▶§1の式13のLを算出する準備をします。

▶§1の式13（$=L$）の中括弧{ }の中の式（下記1）を算出するために、表を作成します。

$$\{\mu_1\mu_1 t_1 t_1 (x_1 x_1 + y_1 y_1) + \mu_1\mu_2 t_1 t_2 (x_1 x_2 + y_1 y_2) + \mu_1\mu_3 t_1 t_3 (x_1 x_3 + y_1 y_3)$$
$$+ \cdots + \mu_6\mu_6 t_6 t_6 (x_6 x_6 + y_6 y_6)\} \cdots \boxed{1}$$

下記のワークシートでは、この式1の各項を表（タイトル名「$\Sigma\Sigma\mu\mu tt(xx+y)$」）に求めています。

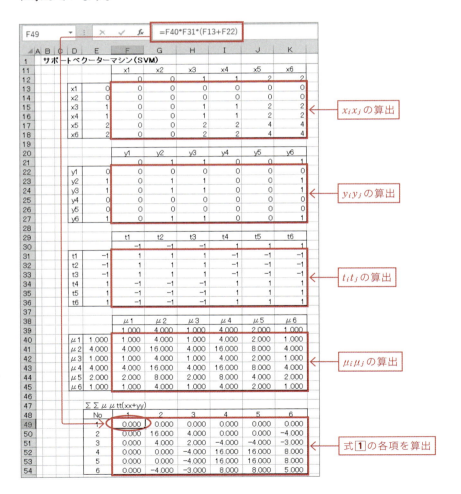

§2 サポートベクターマシン (SVM) を Excel で体験

③ L を求め、Excel アドインのソルバーにセットします。

▶ §1の式 13 ($=L$) を計算するセルを用意し、次の図のようにソルバーに設定します。

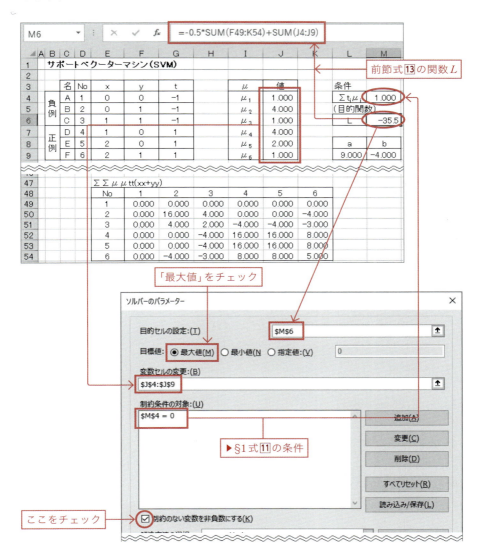

4章 サポートベクターマシン（SVM）

④ ソルバーの出力結果を示しましょう。

	A	B	C	D	E	F	G	H	I	J	K	L	M
1	サポートベクターマシン（SVM）										最適化の結果	▶§1式 16	
2													
3			名	No	x	y	t		μ	値		条件	
4		負例	A	1	0	0	−1		μ_1	1.648		$\Sigma t_i \mu_i$	0.000
5			B	2	0	1	−1		μ_2	0.000		（目的関数）	
6			C	3	1	1	−1		μ_3	2.352		L	4
7		正例	D	4	1	0	1		μ_4	3.648			
8			E	5	2	0	1		μ_5	0.000		a	b
9			F	6	2	1	1		μ_6	0.352		2.000	−2.000

こうして、前節（▶§1）の式 15 の値が得られます。

$\mu_1 = 1.648$、$\mu_2 = 0.000$、$\mu_3 = 2.352$、$\mu_4 = 3.648$、$\mu_5 = 0.000$、$\mu_6 = 0.352$

また、前節（▶§1）の式 10 から、方程式の係数 a、b が求められます。

$$\left. \begin{array}{l} a = \mu_1 t_1 x_1 + \mu_2 t_2 x_2 + \cdots + \mu_6 t_6 x_6 = 2 \\ b = \mu_1 t_1 y_1 + \mu_2 t_2 y_2 + \cdots + \mu_6 t_6 y_6 = -2 \end{array} \right\} \cdots \text{▶§1の } \boxed{16}$$

⑤ 前節（▶§1）の式 17 から c を算出します。

	K	L	M	N	O	P	Q	R	S	T	U	V	W	X
1														cの算出
2					●まとめとcの算出									
3		条件				No	名	x	y	類別	正負(t)	μ	SV	c
4		$\Sigma t_i \mu_i$	0.000		負例	1	A	0	0	男	−1	1.648	YES	−1.000
5		（目的関数）				2	B	0	1	男	−1	0.000	NO	
6		L	4			3	C	1	1	男	−1	2.352	YES	−1.000
7					正例	4	D	1	0	女	1	3.648	YES	−1.000
8		a	b			5	E	2	0	女	1	0.000	NO	
9		2.000	−2.000			6	F	2	1	女	1	0.352	YES	−1.000

こうして、前節（▶§1）の識別直線 1 の定数項 c が定められました。

$c = -1$

以上から、識別直線の方程式（前節（▶§1）の 19 ）が得られます。

5章
ニューラルネットワークとディープラーニング

ニューラルネットワークは近年のAIブームの火付け役になったAIの基本モデルです。そこで利用されている誤差逆伝播法は、AIの多くの分野で利用されています。しくみを調べてみましょう。

(注)本章▶§1以外では、ニューラルネットワークという言葉を、ディープラーニングを含む広い意味で利用しています。

§1 ニューラルネットワークの基本単位のユニット

　ニューラルネットワーク（略してNN）は動物の脳のしくみをモデル化したものです。現在よく知られているディープラーニングの基本となるモデルです。そのネットワークの基本単位が「ユニット」と呼ばれる演算子です。神経細胞をモデル化したものです。

▶ニューラルネットワークとその基本単位のユニット

　脳は神経細胞のネットワークで構成されます。この神経細胞に相当するものを、AIでは**ユニット**と呼びます。

注 ユニットは**ノード**、**人工ニューロン**、あるいは単にニューロンとも呼ばれます。

　ユニットは次のように簡略化した図で表現されます。

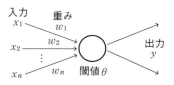

ユニットの略式図。矢の向きで入出力を区別。ユニットの出力として、例として2本の矢が出ているが何本でも可。ただし、その値yは同一。

　図の○印がユニットの本体です。その本体にn個の信号x_1、x_2、…、x_nが入力されていることを示しています。そのn個の入力信号は、次のように束ねられます（sはsum（和）の頭文字）。

$$s = w_1 x_1 + w_2 x_2 + \cdots + w_n x_n - \theta \ \cdots \ \boxed{1}$$

　w_1、w_2、…、w_nは**重み**、θは**閾値**と呼ばれる定数で、ユニット固有の値です。和$\boxed{1}$をこれからは**入力の線形和**と呼ぶことにします。

　入力の線形和$\boxed{1}$はユニット本体で次のように処理され、値yとして出力されま

す。左の図で出力の矢は 2 本出ていますが、出力値は共通です。

$$y = a(s) \cdots \boxed{2}$$

a は**活性化関数**（activation function）と呼ばれる関数です。活性化関数 a としては次のような関数が有名です。

関数名	定義式	特徴
シグモイド関数	$\sigma(s) = \dfrac{1}{1+e^{-s}}$	代表的な活性化関数。生物モデルに近く、解釈が容易。
ハイパボリックタンジェント	$\tanh(s) = \dfrac{e^s - e^{-s}}{e^s + e^{-s}}$	重みに負を許容するモデルに対し、よく適合する。
ランプ関数 ReLU	$s < 0$ のとき $\mathrm{ReLU}(s) = 0$ $s \geq 0$ のとき $\mathrm{ReLU}(s) = s$	計算が高速。出力は 0 以上。
線形関数	$y = s$	計算が高速。隠れ層には使わない。

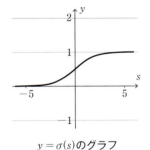

$y = \sigma(s)$ のグラフ

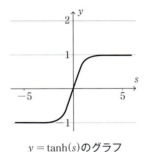

$y = \tanh(s)$ のグラフ

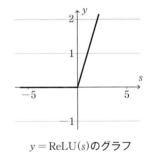

$y = \mathrm{ReLU}(s)$ のグラフ

例 シグモイド関数を活性化関数とする右図のようなユニットを考えます。入力 x_1、x_2 に対して、重みを順に w_1、w_2 とします。また、閾値を θ とします。このとき、出力 y は次のように算出されます。

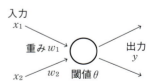

（入力の線形和）$s = w_1 x_1 + w_2 x_2 - \theta$

（出力）$y = \sigma(s) = \dfrac{1}{1+e^{-s}}$

出力の矢は 2 本出ていますが、出力値は共通の値 y です。

▶重みと閾値、活性化関数の値の意味

ユニットはネットワークを作っていますが、ユニット同士の連携の強さを表すのが**重み**です。もっと物理的に言えば、ユニット同士の情報伝達の際、その入力通路のパイプの太さを表現するのが「重み」です。「重み」が大きければ、すなわちパイプが太ければ、そのパイプで結ばれている隣のユニットからの情報が伝わりやすく、パイプが細ければ、情報が伝わりにくいことを表します。

重みは情報伝達用通路のパイプの太さ。太いほど情報が伝わりやすい（この解釈が通じるのは、重みに正の値を仮定したときのみ）。

次に**閾値**を考えます。閾値はユニットを神経細胞に例えれば、その細胞固有の敏感度を表します。閾値が小さければ、小さな入力にも反応します。閾値が大きければ、小さな入力を無視します。

この解釈からわかるように、閾値は情報ノイズをカットするフィルターの役割を果たします。意味のないわずかな入力（すなわちノイズ）に対してユニットがいちいち興奮しては、システムが不安定になってしまいます。

最後に活性化関数の出力の意味を調べましょう。その出力は神経細胞に例えると**興奮度**を表します。出力が大きければ入力に対して大きく興奮したことを、小さければ入力を無視したことを表すのです。

▶「入力の線形和」の内積表現

入力の線形和 **1** の形はきれいではありません。最後の $-\theta$ が不揃いなのです。そこで、仮想的な入力を考え、その入力は常に -1 とします。そして、重みを θ とします。こうすれば「入力の線形和」は次の2つのベクトル

入力ベクトル： $\boldsymbol{x} = (x_1, x_2, \cdots, x_n, -1)$

重みベクトル： $\boldsymbol{w} = (w_1, w_2, \cdots, w_n, \theta)$

の内積として、簡潔に次のように表現できます（▶付録C）。

入力の線形和 $s = \boldsymbol{w} \cdot \boldsymbol{x}$ ⋯ 4

式 1 と比較し、大変コンパクトとなります。

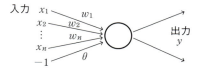

入力が常に−1、重みが閾値 θ である仮想的な入力を考える。すると、「入力の線形和」の式 1 はコンパクトな形 4 にまとめられる。

本書のExcelワークシートでも、この式 4 の形式を多用しています。

▶Excelでユニットの働きを再現

Excelを用いて具体的にユニットの計算をしてみましょう。

> **問** 2つの入力 x_1、x_2 を持つユニットを考えます。入力 x_1、x_2 に対する重みを順に w_1、w_2 とし、閾値を θ とします。入力 x_1、x_2 を与えたときの出力を求めるワークシートを作成しましょう。ただし、活性化関数はシグモイド関数、tanh関数、ReLU関数の3つを考えます。また、w_1、w_2、θ は任意に与えられるようにします。

注 本節のワークシートは、ダウンロードサイト（▶244ページ）に掲載されたファイル「5_1.xlsx」にあります。

解 下図に示したユニットがこの **問** の対象になります。

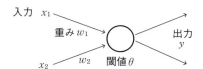

題意の図。出力の矢としては2本描いているが、これはあくまで例。

5章 ニューラルネットワークとディープラーニング

次のワークシートでは、重み w_1、w_2 を順に 2、3 とし、閾値 θ を 4 としています。また、入力 w_1、w_2 に 1、1 を与えています。

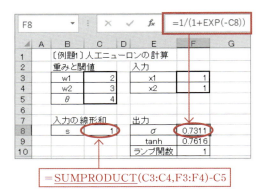

以上が 問 の解です。正の入力の線形和に対しては、シグモイド関数と tanh 関数が似た値を算出していることに留意してください。

MEMO 問 を内積で表現

式 3 を利用して先の 問 に対応してみましょう。SUMPRODUCT という内積のための関数 1 つで「入力の線形和」が求められます。

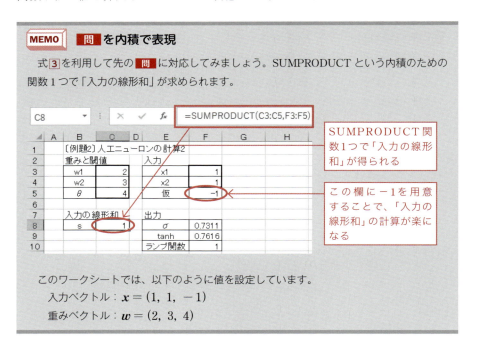

このワークシートでは、以下のように値を設定しています。

入力ベクトル：$\boldsymbol{x} = (1, 1, -1)$
重みベクトル：$\boldsymbol{w} = (2, 3, 4)$

§2 ユニットを層状に並べた ニューラルネットワーク

前節で調べたユニットを層状に配置したのがニューラルネットワークです。「入力層」、「隠れ層」、「出力層」の3つから構成されます。このように層状に配置することで、識別の能力を獲得します。

注 以下では、ニューラルネットワークという言葉を、ディープラーニングを含む広い意味で利用しています。

▶具体例で考えよう

次の 例題 を用いて、話を具体的に進めることにします。

> 例題 4×3画素の白黒2値画像として読み取った「0」と「1」の手書き数字画像を識別するニューラルネットワークを作成しましょう。

注 画像枚数は55とします。

この 例題 に対するニューラルネットワークとして次の形が考えられます。

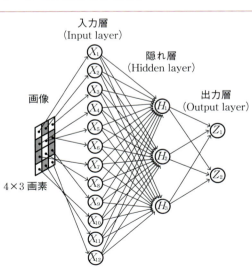

本章で調べるニューラルネットワーク。最も簡単な場合の1つである。○はユニットを表す。
各ユニットの重みと閾値を決めることが「学習」となる。なお、本節では、この図のようにユニットに名を付ける。

図において、矢で結ばれた記号○はユニットを表します。

このニューラルネットワークは3層から成り立っています。画像の隣（ネットワークの左端）の層を**入力層**（Input layer）、中間の層を**隠れ層**（Hidden layer）、そして右端の層を**出力層**（Output layer）と呼びます。

> **注** 隠れ層は**中間層**とも呼ばれます。

例題の「4×3＝12画素の白黒2値画像」とは、次に例示するような極めて単純な画像です。簡単な画像ですが、手書き風の数字「0」、「1」の表現は可能です。画像を構成する画素の黒白が数値1、0で表現されていることに留意してください。

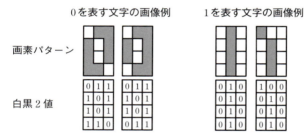

0、1の文字画像。簡単でも、0と1の区別はできる。

▶ ユニット名とパラメーター名の約束

ニューラルネットワークの出力を算出するにはユニット間の関係を調べる必要があります。その関係を記述する際に必要なユニットの名称と変数名を約束します。

層の区別をするために、先の図に示すように、入力層、隠れ層、出力層のユニット名には、各々 X、H、Z の文字を用いることにします。

3層を X、H、Z の3つの大文字で区別

Hは Hidden Layer（隠れ層）の頭文字。

各層のユニットについては、ニューラルネットワークの上から順に1、2、3、… と番号を振ります。そして、その番号を X, H, Z に添え字として付加しユニット名にします。

ユニットの出力変数名はユニット名と同一の小文字にします。すなわち、各ユニットのユニット名と出力変数名は大文字と小文字で区別します。

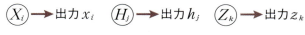

出力変数名はユニット名の小文字を利用。

次に、ネットワークの各ユニットに関係するパラメーター（「重み」wや「閾値」θ）、そしてユニットへの「入力の線形和」sを記述する変数名について考えます。これらは次の図のように約束します。

このように約束することで、次の図のように、各層のユニットとパラメーター（重みと閾値）の位置関係が明示できます。

5章 ニューラルネットワークとディープラーニング

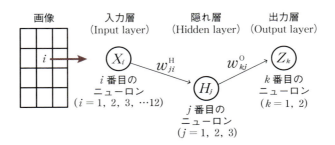

以上のことを表にまとめておきましょう。

記号名	意味
x_i	入力層i番目のユニットX_iの入力を表す変数。入力層では、出力と入力は同一値とする。そこで、出力の変数にもなる。
h_j	隠れ層j番目のユニットH_jの出力を表す変数。
z_k	出力層k番目のユニットZ_kの出力を表す変数。
w_{ji}^{H}	隠れ層のj番目のユニットH_jが、入力層i番目のユニットX_iからの矢に課す重み。
w_{kj}^{O}	出力層k番目のユニットZ_kが、隠れ層j番目のユニットH_jからの矢に課す重み。
θ_j^{H}	隠れ層j番目にあるユニットH_jの閾値。
θ_k^{O}	出力層k番目にあるユニットZ_kの閾値。
s_j^{H}	隠れ層j番目のユニットH_jへの入力の線形和。
s_k^{O}	出力層k番目のユニットZ_kへの入力の線形和。

▶ネットワークを式で表現

ニューラルネットワークの中のユニットの関係を式で表現する準備ができました。早速、その関係式を作成してみましょう。

ところで、ネットワークを構成する各ユニットは前節（▶ §1）で調べた単独のユニットと同じ働きをします。そこで、関係式の作り方について、新しい話はなにもありません。

まず、隠れ層のユニットについて調べましょう。

§2 ユニットを層状に並べたニューラルネットワーク

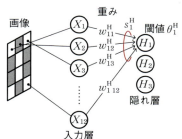

隠れ層1番目のユニットH_1について、パラメーターの関係を示す。

この図は隠れ層1番目のユニットH_1について、変数とパラメーター（すなわち重み、閾値）の関係を示しています。図を参考にして、隠れ層のユニットについて全ての関係式が書き下せます。

〔隠れ層のユニットに関する「入力の線形和s」と出力h〕

$$s_1^H = w_{11}^H x_1 + w_{12}^H x_2 + w_{13}^H x_3 + \cdots + w_{1\,12}^H x_{12} - \theta_1^H$$
$$s_2^H = w_{21}^H x_1 + w_{22}^H x_2 + w_{23}^H x_3 + \cdots + w_{2\,12}^H x_{12} - \theta_2^H \quad \cdots \boxed{1}$$
$$s_3^H = w_{31}^H x_1 + w_{32}^H x_2 + w_{33}^H x_3 + \cdots + w_{3\,12}^H x_{12} - \theta_3^H$$

$$h_1 = a(s_1^H),\ h_2 = a(s_2^H),\ h_3 = a(s_3^H) \quad (a\text{は活性化関数}) \cdots \boxed{2}$$

注 本章ではシグモイド関数を活性化関数として利用します。

次に、出力層のユニットについて調べましょう。下図は出力層の1番目のユニットについて、変数の関係を示しています。

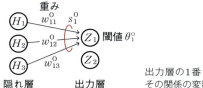

出力層の1番目のユニットについて、その関係の変数を示す。

この図から、出力層のユニットについての関係式が書き下せます。

〔出力層のニューロンの「入力の線形和s」と出力z〕

$$s_1^O = w_{11}^O h_1 + w_{12}^O h_2 + w_{13}^O h_3 - \theta_1^O$$
$$s_2^O = w_{21}^O h_1 + w_{22}^O h_2 + w_{23}^O h_3 - \theta_2^O$$
$\cdots$ ③

$z_1 = a(s_1^O)$、$z_2 = a(s_2^O)$ （aは活性化関数）$\cdots$ ④

注 式②と④で、活性化関数の記号aを共通に用いていますが、同一である必要はありません（層ごとには一致させます）。なお、本章ではシグモイド関数を利用します。

ニューラルネットワークの出力の意味

例題に示したニューラルネットワークの出力層には、2つのユニットZ_1、Z_2があります。Z_1は数字「0」を、Z_2は数字「1」を検出するように意図されています。このことを念頭において、ニューラルネットワークの出力の意味を調べてみましょう。

下図を見てください。左端は数字の画像で、「0」を表しています。この場合、次のような出力を算出してくれるのが理想です。

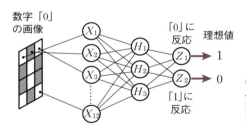

出力層のユニットZ_1は数字「0」を、Z_2は「1」を検知する役割。そこで、「0」が入力されたなら、Z_1は1を、Z_2は0を出力することが望ましい。

この図から大切なことが見えてきます。数字「0」が読まれたとき、ユニットZ_1の出力z_1と1との差が小さければ小さいほど、また、ユニットZ_2の出力z_2と0との差が小さければ小さいほど、ニューラルネットワークはよい結果を算出したことになります。

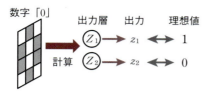

そこで、数字「0」が読まれたときのニューラルネットワークの出力の誤差の評価として、次の値 e が考えられます。

$$\text{数字「0」が読まれたとき}: e = \frac{1}{2}\{(1-z_1)^2 + (0-z_2)^2\} \cdots \boxed{5}$$

この値 e が小さいとき、ニューラルネットワークは「良い値を算出した」ことになります。

注 式 $\boxed{5}$ の係数 $1/2$ は後の誤差逆伝播法を意識し、微分しやすくするためのものです。

数字「1」が読まれたときも同様です。Z_1 の出力 z_1 と 0 との差が小さければ小さいほど、また、Z_2 の出力 z_2 と 1 との差が小さければ小さいほど、ニューラルネットワークはよい結果を算出したことになります。

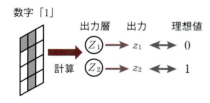

そこで、数字「1」が読まれたときのニューラルネットワークの出力の誤差の評価として、次の値 e が考えられます。

$$\text{数字「1」が読まれたとき}: e = \frac{1}{2}\{(0-z_1)^2 + (1-z_2)^2\} \cdots \boxed{6}$$

この値 e が小さいとき、ニューラルネットワークは「良い値を算出した」ことになります。

以上の式 5 6 で定義した値 e を、ニューラルネットワークが算出した値の**平方誤差**といいます。これは▶2章§1で調べた「平方誤差」と同じアイデアから生まれた式です。

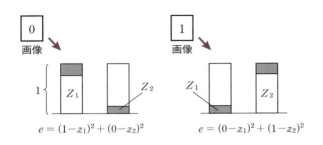

平方誤差 5 6 のイメージ。網掛け部分の高さを2乗した値の和が平方誤差 e。

▶重みと閾値の決め方と目的関数

ニューラルネットワークの重みや閾値はどう決定されるのでしょうか？ この疑問に答えるのが、**ネット自らが学習する**というアイデアです。すなわち、重みや閾値は与えたデータからニューラルネットワーク自らが決定するのです。人が手取り足取りして教えるという操作はしません。

いま調べている 例題 で考えてみましょう。最初にやることは、ニューラルネットワークに訓練データの1枚1枚の画像を読ませ、ニューラルネットワークの出力値を計算することです。そして、1枚1枚の画像に付けられた正解との平方誤差 5 6 を算出します。

次に、訓練データすべてにおいてこれらの平方誤差の総和 E を求めます。

$E = e_1 + e_2 + \cdots + e_{55}$ ... 7

最後に、この誤差の総和 E が最小になるように、重みと閾値をコンピューターで決めます。これが重みと閾値の決定法です。

以上の数学的な手続きは**最適化**と呼ばれる手法であり、誤差の総和 E は最適化のための**目的関数**です。▶2章§1で調べた「最適化」の方法と全く同じであるこ

▶ 誤差逆伝播法の必要性

式 7 は重みと閾値の複雑な関数です。そこで、単純に式 7 の目的関数 E を最小化することはできません。そこで登場するのが**誤差逆伝播法**です。この詳細については、次節で調べることにします。

▶ 平方誤差の式表現

誤差逆伝播法の解説に入る前に、**平方誤差**の表現を工夫しましょう。

画像を識別するための訓練データにおいて、各画像にはそれが何を意味するかの正解ラベルが付されています。今の 例題 では、手書きの数字画像に「0」「1」のどちらかが付加されていることになります。ところで、生のままの「0」「1」では処理がしにくいので、計算しやすいように書き換えましょう。それが次の表に示す変数 t_1、t_2 の組です。

	意味	画像が「0」のとき	画像が「1」のとき
t_1	「0」の正解変数	1	0
t_2	「1」の正解変数	0	1

注 t は teacher の頭文字。訓練データの正解部なので、この名がよく用いられます。

この正解変数 t_1、t_2 を用いて平方誤差 e の式 5 、 6 を表現してみましょう。次のように1つにまとめられます。

$$e = \frac{1}{2}\{(t_1 - z_1)^2 + (t_2 - z_2)^2\} \cdots \boxed{8}$$

このように平方誤差 e を1つの式 8 として表現しておくと、Excel で誤差を表現するのに便利になります。

5章 ニューラルネットワークとディープラーニング

> **例** 「1」を表す画像が読まれたとき、式 8 が式 6 と一致することを確認しましょう。

「1」の画像が読まれたとき、$t_1 = 0$、$t_2 = 1$ であり、式 8 は次のようになり、式 6 に一致します。

$$e = \frac{1}{2}\{(t_1-z_1)^2 + (t_2-z_2)^2\} = \frac{1}{2}\{(0-z_1)^2 + (1-z_2)^2\}$$

MEMO　ニューラルネットワークとディープラーニング

　ニューラルネットワークを多層にして学習させることを**ディープラーニング**（深層学習）と呼びます。しかし、単純に多層化すると、計算が収束しなくなったり、見当違いな解が得られたりします。そこで登場したのが**畳み込みニューラルネットワーク**（Convolutional Neural Network、略してCNN）です。隠れ層を上手に整理するアイデアです。そのモデル確定のアルゴリズムは本章で調べる技法と同様です。詳細については別著「ディープラーニングがわかる数学入門」（技術評論社）をご覧ください。

§3 誤差逆伝播法（バックプロパゲーション法）

　ニューラルネットワークの重みと閾値の決定アルゴリズムに多用される**誤差逆伝播法**（すなわち**バックプロパゲーション法**、略して**BP法**）について調べます。「ユニットの誤差」δを導入し、数列の漸化式で面倒な微分を回避する技法です。前節（▶§2）で調べた 例題 （下記に再掲）を利用して、具体的にそのしくみを調べましょう。

> 例題　4×3画素の白黒2値画像として読み取った手書き数字「0」、「1」を識別するニューラルネットワークを作成しましょう。学習用画像データは55枚とします。

▶目的関数は複雑

　▶§2で調べたように、ニューラルネットワークを決定するには、次に示す目的関数 E（▶§2式 7 ）を最小にする重みと閾値を探す必要があります。

$$E = e_1 + e_2 + \cdots + e_{55} \quad (55は画像の枚数) \cdots \boxed{1}$$

　ここで、e_k は下記の平方誤差の式（▶§1式 8 ）に k 番目の訓練データを代入して得られる値です（$k = 1, 2, \cdots, 55$）。

$$e = \frac{1}{2}\{(t_1 - z_1)^2 + (t_2 - z_2)^2\} \cdots \boxed{2}$$

　注意すべきことは、この式 2 は重みと閾値からなる大変複雑な関数式であるということです。重みと閾値は、こんな簡単な 例題 でも計47個あります。そして、前節（▶§2）の式 1 ～ 4 で複雑に結びつけられています。

5章　ニューラルネットワークとディープラーニング

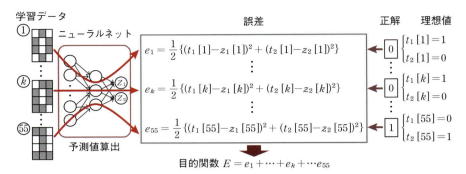

例題 のニューラルネットワークの出力と目的関数の関係。
47個の変数と多くの関数が複雑に絡み合っている。ここで$[k]$($k=1, 2, \cdots, 55$)はk番目の画像についての値を表す。

さて、多変数関数の最小値の計算には勾配降下法を用いるのが現実的です（▶2章§2）。この 例題 に対して勾配降下法の式を書き下してみましょう。

目的関数Eにおいて、重みw_{11}^{H}、$\cdots$、w_{11}^{O}、$\cdots$ と閾値θ_1^{H}、$\cdots$、θ_1^{O}、$\cdots$ を順に

$$\left. \begin{array}{l} w_{11}^{\mathrm{H}} + \Delta w_{11}^{\mathrm{H}}, \cdots, \theta_1^{\mathrm{H}} + \Delta \theta_1^{\mathrm{H}}, \cdots \\ w_{11}^{\mathrm{O}} + \Delta w_{11}^{\mathrm{O}}, \cdots, \theta_1^{\mathrm{O}} + \Delta \theta_1^{\mathrm{O}}, \cdots \end{array} \right\} \cdots \boxed{3}$$

と微小に変化させたとき、関数Eが最も減少するのは次の関係が成立する場合である。ηは正の小さな定数とする。

$(\Delta w_{11}^{\mathrm{H}}, \cdots, \Delta \theta_1^{\mathrm{H}}, \cdots, \Delta w_{11}^{\mathrm{O}}, \cdots, \Delta \theta_1^{\mathrm{O}}, \cdots)$

$$= -\eta \left(\frac{\partial E}{\partial w_{11}^{\mathrm{H}}}, \cdots, \frac{\partial E}{\partial \theta_1^{\mathrm{H}}}, \cdots, \frac{\partial E}{\partial w_{11}^{\mathrm{O}}}, \cdots, \frac{\partial E}{\partial \theta_1^{\mathrm{O}}}, \cdots \right) \cdots \boxed{4}$$

この式 $\boxed{4}$ の右辺の一つひとつの微分計算をしようとすると、途方もない計算式に陥ります。そこで登場するのが「誤差逆伝播法」です。

▶ 目的関数 E の勾配は平方誤差の勾配の和

誤差逆伝播法の本論に入る前に、式 [1]〜[4] から次のことを確認しましょう。

目的関数 E の勾配は、訓練データから得られる平方誤差 e の勾配の和。

目的関数 E の計算は、最初に平方誤差 e を計算し、最後にそれらを加え合わせて行えばよいことになります。そこで、これからの計算では、平方誤差 e の計算結果だけを示します。実際に目的関数 E の勾配を算出するときは、その平方誤差 e に訓練データを代入し、データ全体について総和を求めればよいからです。

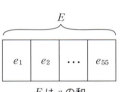
E は e の和

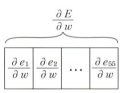
E の微分は e の微分の和

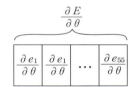
E の微分は e の微分の和

▶ ユニットの誤差 δ の導入

では、誤差逆伝播法のしくみについて調べることにしましょう。

誤差逆伝播法の「キモ」となるアイデアは、平方誤差 e (式[2]) の計算に**ユニットの誤差** (errors) と呼ばれる変数 δ を導入することです。これは次のように定義されます。

$$\delta_j^H = \frac{\partial e}{\partial s_j^H} \quad (j = 1, 2, 3),\quad \delta_j^O = \frac{\partial e}{\partial s_j^O} \quad (j = 1, 2) \cdots \boxed{5}$$

注 δ は「デルタ」と読まれるギリシャ文字で、ローマ字のdに相当します。なお、「ユニットの誤差」と平方誤差[2]とは同じ誤差でも意味が異なります。

この誤差δを利用すると、勾配計算 4 の微分計算が魔法を使ったように簡単になります。以下で、その魔法を見てみましょう。

▶勾配をユニットの誤差δから算出

この「ユニットの誤差」δで、平方誤差eの勾配成分を表してみましょう。次のように実に簡単に表せます。

$$\left.\begin{array}{l}\dfrac{\partial e}{\partial w_{ji}^{\mathrm{H}}}=\delta_j^{\mathrm{H}} x_i、\dfrac{\partial e}{\partial \theta_j^{\mathrm{H}}}=-\delta_j^{\mathrm{H}} \quad (i=1, 2, \cdots, 12, j=1, 2, 3) \\ \dfrac{\partial e}{\partial w_{ji}^{\mathrm{O}}}=\delta_j^{\mathrm{O}} h_i、\dfrac{\partial e}{\partial \theta_j^{\mathrm{O}}}=-\delta_j^{\mathrm{O}} \quad (i=1, 2, 3, j=1, 2)\end{array}\right\} \cdots \boxed{6}$$

注 この公式の証明は▶付録Gで調べます。

この式 6 から、ユニットの誤差δがわかれば、平方誤差eの勾配が得られることになります。次に、そのユニットの誤差δの求め方を調べましょう。

▶出力層の「ユニット誤差」δ_j^{O}を算出

最初に出力層の「ユニットの誤差」を具体的に算出してみましょう。出力層の活性化関数を$z=a(s)$とすると、簡単な微分の計算から（▶付録E）、式 2 より、

$$\delta_j^{\mathrm{O}}=\frac{\partial e}{\partial s_j^{\mathrm{O}}}=\frac{\partial e}{\partial z_j}\frac{\partial z_j}{\partial s_j^{\mathrm{O}}}=\frac{\partial e}{\partial z_j}a'(s_j^{\mathrm{O}}) \quad (j=1, 2) \cdots \boxed{7}$$

ところで、式 2 の具体的な形から、

$$\frac{\partial e}{\partial z_1}=-(t_1-z_1)、\frac{\partial e}{\partial z_2}=-(t_2-z_2)$$

これらを式 7 に代入して、

§3 誤差逆伝播法（バックプロパゲーション法）

$$\delta_1^O = -(t_1-z_1)a'(s_1^O) 、 \delta_2^O = -(t_2-z_2)a'(s_2^O) \cdots \boxed{8}$$

この右辺は既知です。こうして、出力層のユニットの誤差δ_j^Oが求められました。

▶誤差逆伝播法から中間層の「ユニット誤差」δ_j^Hを求める

出力層の式$\boxed{8}$を導いたのと同様に計算すると、隠れ層のユニット誤差δ_j^Hについて次の関係が導き出せます。

$$\delta_i^H = (\delta_1^O w_{1i}^O + \delta_2^O w_{2i}^O)a'(s_i^H) \quad (i=1,\ 2,\ 3) \cdots \boxed{9}$$

注 この公式の証明は▶付録Hで調べます。

右辺のδ_1^Oとδ_2^Oは式$\boxed{8}$で得られています。そこで、この式$\boxed{9}$を利用すれば、隠れ層のユニットの誤差δ_i^Oが面倒な微分計算をしなくても得られるのです。

ニューラルネットワークの計算は隠れ層から出力層に向かいますが、「ユニットの誤差」δは、逆に、出力層から隠れ層に向かいます。これが「誤差逆伝播法」と呼ばれる理由です。

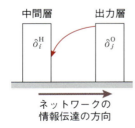

誤差逆伝播法のしくみ
出力層のδが求められていれば、中間層のδも簡単に求められる。ネットワークの方向とは関係が逆になっている。

5章 ニューラルネットワークとディープラーニング

> **問** 例題において、δ_2^H を δ_1^O、δ_2^O、で表してみましょう。なお、活性化関数はシグモイド関数 $\sigma(s)$ とします。

解 式 9 から、

$$\delta_2^H = (\delta_1^O w_{12}^O + \delta_2^O w_{22}^O) a'(s_2^H)$$

また、題意から活性化関数にシグモイド関数 $\sigma(s)$ が利用されるので、

$$a'(s_2^H) = \sigma'(s_2^H) = \sigma(s_2^H)\{1 - \sigma(s_2^H)\}$$

注 次のシグモイド関数 $\sigma(s)$ の微分公式を利用しています(▶付録E)。
$\sigma'(s) = \sigma(s)\{1 - \sigma(s)\}$

これを上記の式 9 に代入して、

$$\delta_2^H = (\delta_1^O w_{12}^O + \delta_2^O w_{22}^O) \sigma(s_2^H)\{1 - \sigma(s_2^H)\} \quad \text{答}$$

MEMO　関係式の行列表示

関係式 7、9 は行列で表現すると、式が簡潔になります(▶付録D)。

式 7 : $\begin{pmatrix} \delta_1^O \\ \delta_2^O \end{pmatrix} = \begin{pmatrix} \dfrac{\partial e}{\partial z_1} \\ \dfrac{\partial e}{\partial z_2} \end{pmatrix} \odot \begin{pmatrix} a'(s_1^O) \\ a'(s_2^O) \end{pmatrix}$

式 9 : $\begin{pmatrix} \delta_1^H \\ \delta_2^H \\ \delta_3^H \end{pmatrix} = \begin{bmatrix} w_{11}^O & w_{21}^O \\ w_{12}^O & w_{22}^O \\ w_{13}^O & w_{23}^O \end{bmatrix} \begin{pmatrix} \delta_1^O \\ \delta_2^O \end{pmatrix} \odot \begin{pmatrix} a'(s_1^H) \\ a'(s_2^H) \\ a'(s_3^H) \end{pmatrix} \cdots$ 10

ここで $\odot$ はアダマール積です。

このように行列で表現しておくと、複雑なニューラルネットワークの場合にすぐに拡張できます。また、Excel ワークシートも簡潔になります。

§4 誤差逆伝播法をExcelで体験

▶§3で調べた誤差逆伝播法を用いて、▶§2、3で調べた 例題 (下記再掲)の重みと閾値をExcelから算出してみましょう。

> 演習 4×3画素の白黒2値画像として読み取った手書き数字「0」、「1」を識別するニューラルネットワークを作成しましょう。学習用画像データは55枚とします。

注 条件は▶§2、3に準じます。活性化関数はシグモイド関数を利用します。なお、本節のワークシートは、ダウンロードサイト (▶244ページ)に掲載されたファイル「5_4.xlsx」にあります。

▶Excelで誤差逆伝播法

最初に、▶§3で調べた誤差逆伝播法のアルゴリズムをまとめましょう。

① 訓練データを準備。
② 重みと閾値を初期設定。ステップサイズηとして適当な小さい正の値を設定。
注 ステップサイズについては、▶2章§2を参照してください。
③ 訓練データと重み、閾値から、▶§2式 1 ～ 4 を用いてユニットの出力を算出。
④ 誤差逆伝播法の式 (▶§3式 8 9) から各層のユニットの誤差δを算出。
⑤ ユニットの誤差δから平方誤差eの勾配 (▶§3式 6) を算出。
⑥ ③～⑤の結果を訓練データ全てについて加え合わせ、目的関数Eの勾配を算出。

⑦ ⑥で求めた勾配から、勾配降下法（▶§3式 3 、 4 ）を利用して重みと閾値の値を更新。
⑧ 目的関数 E の値が十分小さくなるまで、③〜⑦の操作の反復。

以上が誤差逆伝播法を用いたニューラルネットワークの重みと閾値決定のアルゴリズムです。

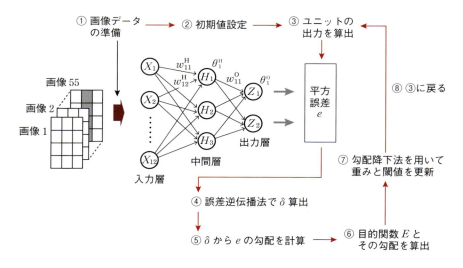

以上の「まとめ」①〜⑧に従って、ワークシートを解説していきます。

① 訓練データを準備します。

ニューラルネットワークでは、訓練データからパラメーターを決定します（これを**学習**といいます）。そのために、Excelのワークシートに、55枚の手書き数字の画像とその正解ラベルを読み込みます。

注 訓練データの画像例55枚は▶付録Aに掲載しました。

§4 誤差逆伝播法をExcelで体験

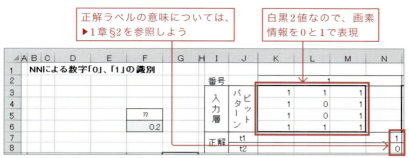

訓練データ55個の画像とその正解ラベルを、この図のように順に読み込む。

② 重みと閾値の値を初期設定します。

　重みと閾値は、これから求めるものであり、最初は不明です。しかし「たたき台」がなければ話が進みません。そこで、乱数を利用して、たたき台となる初期値を設定します。また、ステップサイズη（▶2章§2）には、適当な小さい正の値を設定します。

注 ステップサイズηの設定は試行錯誤によるところが大きいです。同様に、重みと閾値の初期設定値についても、良い結果を得るには何回か設定変更を要します。

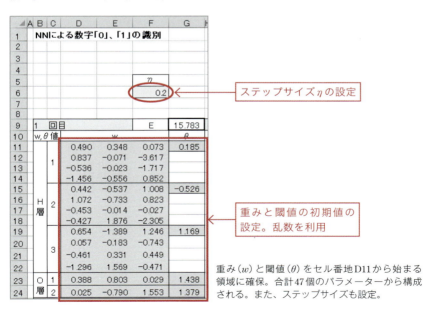

重み（w）と閾値（θ）をセル番地D11から始まる領域に確保。合計47個のパラメーターから構成される。また、ステップサイズも設定。

5章 ニューラルネットワークとディープラーニング

③ ユニットの出力値と、活性化関数の微分値を算出します。

1番目の画像について、隠れ層と出力層の各ユニットの入力の線形和（sと表示）、出力（hとzと表示）、そして活性化関数の微分値を求めます。また、ついでに平方誤差eを求めます（▶§2式 1 〜 4 、 8 ）。なお、活性化関数にはシグモイド関数を用いることにします。

注 次のシグモイド関数$\sigma(s)$の微分公式を利用しています（▶付録E）。
$$\sigma'(s) = \sigma(s)\{1-\sigma(s)\}$$

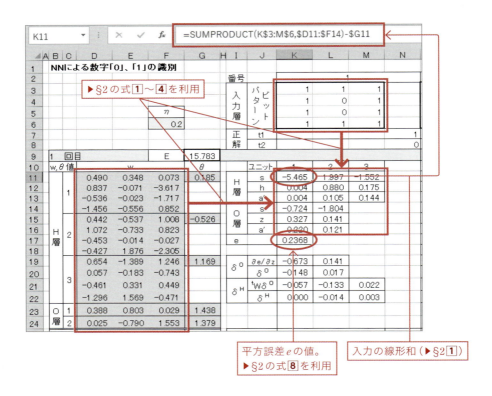

110

§4 誤差逆伝播法をExcelで体験

④ 誤差逆伝播法から各層のユニットの誤差δを計算します。

出力層の「ユニットの誤差」δ_j^O を計算します（▶§3式⑧）。続けて、「逆」漸化式から δ_j^H を計算します（▶§3式⑨）。

	セル参考
K22	{=K21:M21*K13:M13}

	A	B	C	D	E	F	G	H	I	J	K	L	M	N
9	1	回目				E	15.783							
10	w,θ値			w			θ			ユニット	1	2	3	
11				0.490	0.348	0.073	0.185		H層	s	-5.465	1.997	-1.552	
12			1	0.837	-0.071	-3.617				h	0.004	0.880	0.175	
13				-0.536	-0.023	-1.717				a'	0.004	0.105	0.144	
14				-1.456	-0.556	0.852			O層	s	-0.724	-1.804		
15				0.442	-0.537	1.008	-0.526			z	0.327	0.141		
16		H層	2	1.072	-0.733	0.823				a'	0.220	0.121		
17				-0.453	-0.014	-0.027				e	0.2368			
18				-0.427	1.876	-2.305								
19				0.654	-1.389	1.246	1.169		δ^O	∂e/∂z	0.673	0.141		
20			3	0.057	-0.183	-0.743				δ^O	-0.148	0.017		
21				-0.461	0.331	0.449			δ^H	ᵗwδ^O	-0.057	-0.133	0.022	
22				-1.296	1.569	-0.471				δ^H	0.000	-0.014	0.003	
23		O層	1	0.388	0.803	0.029	1.438							
24			2	0.025	-0.790	1.553	1.379							

▶§3⑨利用　　ᵗwδ^Oは▶§3⑩の[ ]の行列　　▶§3の式⑧⑨を利用

⑤ 平方誤差 e の勾配を計算します。

④で求めたユニットの誤差δから、平方誤差 e の勾配を計算します（▶§3式⑥）。

5章 ニューラルネットワークとディープラーニング

⑥ 訓練データ全てについて関数をコピーし、E の勾配を算出します。

　これまでは訓練データの代表として1番目の画像を取り上げ、計算しました。目標はその計算を全データについて行い、加え合わせなければなりません。そこで、これまで作成したワークシートを訓練データ55枚すべてについてコピーします。

§4 誤差逆伝播法をExcelで体験

	H	I	J	K	L	M	N
1							
2		番号			1		
3		入力層	ビットパターン	1	1	1	
4				1	0	1	
5				1	0	1	
6				1	1	1	
7		正解	t1				1
8			t2				0
9							
10			ユニット	1	2	3	
11		H層	s	−5.465	1.997	−1.552	
12			h	0.004	0.880	0.175	
13			a'	0.004	0.105	0.144	
14		O層	s	−0.724	−1.804		
15			z	0.327	0.141		
16			a'	0.220	0.121		
17		e		0.2368			
18							
19		δᴼ	∂e/∂a	−0.673	0.141		
20			δᴼ	−0.148	0.017		
21		δᴴ	ᵗWδᴼ	−0.057	−0.133	0.022	
22			δᴴ	0.000	−0.014	0.003	
23							
24							
25		偏微分		∂e/∂w			∂e/∂θ
26			1	0.000	0.000	0.000	0.000
27				0.000	0.000	0.000	
28				0.000	0.000	0.000	
29				0.000	0.000	0.000	
30		H層	2	−0.014	−0.014	−0.014	0.014
31				−0.014	0.000	−0.014	
32				−0.014	0.000	−0.014	
33				−0.014	−0.014	−0.014	
34			3	0.003	0.003	0.003	−0.003
35				0.003	0.000	0.003	
36				0.003	0.000	0.003	
37				0.003	0.003	0.003	
38		O層	1	−0.001	−0.130	−0.026	0.148
39			2	0.000	0.015	0.003	−0.017

	HS	HT	HU	HV
1				
2			55	
3	0	1	0	
4	0	1	0	
5	0	1	0	
6	0	1	1	
7				0
8				1
9				
10	1	2	3	
11	0.367	−1.188	−1.311	
12	0.591	0.234	0.212	
13	0.242	0.179	0.167	
14	−1.015	−1.219		
15	0.266	0.228		
16	0.195	0.176		
17	0.3333			
18				
19	0.266	−0.772		
20	0.052	−0.136		
21	0.017	0.149	−0.210	
22	0.004	0.027	−0.035	
23				
24				
25	∂e/∂w			∂e/∂θ
26	0.000	0.004	0.000	−0.004
27	0.000	0.004	0.000	
28	0.000	0.004	0.000	
29	0.000	0.004	0.004	
30	0.000	0.027	0.000	−0.027
31	0.000	0.027	0.000	
32	0.000	0.027	0.000	
33	0.000	0.027	0.027	
34	0.000	−0.035	0.000	0.035
35	0.000	−0.035	0.000	
36	0.000	−0.035	0.000	
37	0.000	−0.035	−0.035	
38	0.031	0.012	0.011	−0.052
39	−0.080	−0.032	−0.029	0.136

セル番地K10からN39のブロックを55個右にコピー。

1枚目の画像のためのワークシートを55枚分コピー

55枚分のコピーが済んだなら、平方誤差eの偏微分を合計します。こうして、目的関数E（▶§3式 1 ）の勾配が得られます。

5章 ニューラルネットワークとディープラーニング

e の勾配を合計して
E の勾配を求める

> **MEMO** ▶ §3 式 6 の行列表現
>
> 平方誤差の勾配とユニットの誤差 δ の関係（▶§3 式 6）を行列で表してみましょう（▶付録 D）。このように表現すると、一般化が容易になります。また、Excel ワークシートでも利用しています。
>
> $$\begin{pmatrix} \dfrac{\partial e}{\partial w_{11}^{\mathrm{H}}} & \dfrac{\partial e}{\partial w_{12}^{\mathrm{H}}} & \cdots & \dfrac{\partial e}{\partial w_{112}^{\mathrm{H}}} & \dfrac{\partial e}{\partial \theta_1} \\ \dfrac{\partial e}{\partial w_{21}^{\mathrm{H}}} & \dfrac{\partial e}{\partial w_{22}^{\mathrm{H}}} & \cdots & \dfrac{\partial e}{\partial w_{212}^{\mathrm{H}}} & \dfrac{\partial e}{\partial \theta_2} \\ \dfrac{\partial e}{\partial w_{31}^{\mathrm{H}}} & \dfrac{\partial e}{\partial w_{32}^{\mathrm{H}}} & \cdots & \dfrac{\partial e}{\partial w_{312}^{\mathrm{H}}} & \dfrac{\partial e}{\partial \theta_3} \end{pmatrix} = $$
>
> $$\begin{pmatrix} \delta_1^{\mathrm{H}} & \delta_1^{\mathrm{H}} & \cdots & \delta_1^{\mathrm{H}} & \delta_1^{\mathrm{H}} \\ \delta_2^{\mathrm{H}} & \delta_2^{\mathrm{H}} & \cdots & \delta_2^{\mathrm{H}} & \delta_2^{\mathrm{H}} \\ \delta_3^{\mathrm{H}} & \delta_3^{\mathrm{H}} & \cdots & \delta_3^{\mathrm{H}} & \delta_3^{\mathrm{H}} \end{pmatrix} \odot \begin{pmatrix} x_1 & x_2 & \cdots & x_{12} & -1 \\ x_1 & x_2 & \cdots & x_{12} & -1 \\ x_1 & x_2 & \cdots & x_{12} & -1 \end{pmatrix}$$
>
> $$\begin{pmatrix} \dfrac{\partial e}{\partial w_{11}^{\mathrm{O}}} & \dfrac{\partial e}{\partial w_{12}^{\mathrm{O}}} & \dfrac{\partial e}{\partial w_{13}^{\mathrm{O}}} & \dfrac{\partial e}{\partial \theta_1^{\mathrm{O}}} \\ \dfrac{\partial e}{\partial w_{21}^{\mathrm{O}}} & \dfrac{\partial e}{\partial w_{22}^{\mathrm{O}}} & \dfrac{\partial e}{\partial w_{23}^{\mathrm{O}}} & \dfrac{\partial e}{\partial \theta_2^{\mathrm{O}}} \end{pmatrix}$$
>
> $$= \begin{pmatrix} \delta_1^{\mathrm{O}} & \delta_1^{\mathrm{O}} & \delta_1^{\mathrm{O}} & \delta_1^{\mathrm{O}} \\ \delta_2^{\mathrm{O}} & \delta_2^{\mathrm{O}} & \delta_2^{\mathrm{O}} & \delta_2^{\mathrm{O}} \end{pmatrix} \odot \begin{pmatrix} h_1 & h_2 & h_3 & -1 \\ h_1 & h_2 & h_3 & -1 \end{pmatrix}$$

§4 誤差逆伝播法をExcelで体験

⑦ 勾配降下法を利用して、重みと閾値の値を更新します。

勾配降下法の基本の式（▶§3 3、4）を利用し、重みと閾値を更新します。

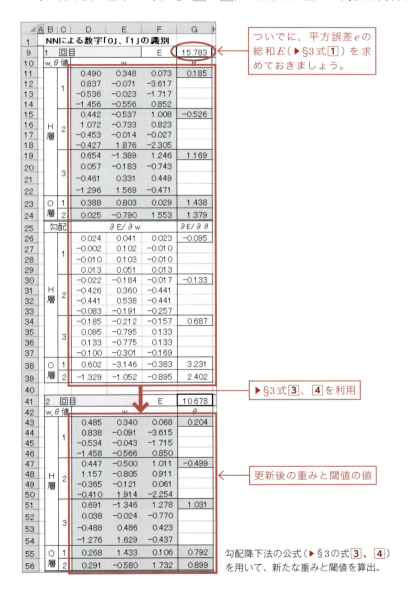

⑧ ③〜⑦の操作を反復します。

⑦で作成された新たな重み w と閾値 θ を利用して、再度③からの処理を行います。この繰り返しを行い、目的関数 E が十分小さくなるまで繰り返します（ここでは50回分の勾配計算を実行します）。

以上で計算終了です。重みと閾値の計算値を下図に示します。

50回計算した後の重みと閾値。

目的関数 E の値を見てみましょう。

（初期値を用いた計算）　$E = 15.783$
（50回目の計算）　　　$E = 0.096$

55枚の画像において、正解からのズレが合計0.096ということは、かなり良い精度であることがわかります。

▶新たな数字でテスト

作成したニューラルネットワークは手書き数字「0」「1」を識別するためのものでした。そこで、正しく数字「0」「1」を識別できるか、新しい手書き文字で確かめてみましょう。

次のワークシートはExcelの⑧のステップで得た重みと閾値を利用して、次の数字画像（「1」のつもり）を入力し処理した例です。

§4 誤差逆伝播法をExcelで体験

訓練データにはない「1」を意図した画像。

下図は実行結果です。ニューラルネットワークも期待通り「1」と判断しています。

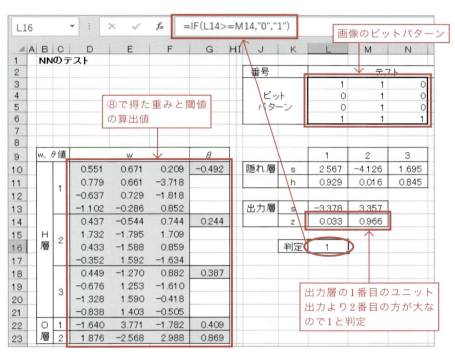

⑧で得た重みと閾値を利用して、新たなデータについて出力層のユニット出力を算出する。1番目のユニット出力より2番目の方が小さければ0と判定される。

注 本ワークシートは、ダウンロードサイト(▶244ページ)に掲載されたファイル「5_4.xlsx」の「テスト」タブにあります。

注 畳み込みニューラルネットワーク(▶§2 MEMO)についての誤差逆伝播法も、ここで調べた方法と同様です。その詳細については別著「ディープラーニングがわかる数学入門」(技術評論社)をご覧ください。

> **参考** **ディープラーニングは AI に視覚を与えた！**
>
> 　現在、第 4 次産業革命が進行しています。
> 　「産業革命」とは産業が大きく変貌した時代の節目に与えられる名称で、その節目には必ず新しい技術が活躍します。18 世紀末から始まる第 1 次産業革命では、水力や蒸気機関による工場の機械化が活躍します。20 世紀初頭に起こる第 2 次産業革命では、電力を用いた大量生産技術が活躍します。1970 年代初頭に起こる第 3 次産業革命では、電子工学を用いたオートメーション技術が活躍します。
> 　現在進行中の第四次産業革命では、AI が機械を自動制御する技術が活躍しています。第 3 次産業革命までは人間が機械を制御していたのと対照をなします。
> 　さて、産業革命を起こせるほど、どうして AI は成熟したのでしょうか。その大きな理由のひとつは「ディープラーニングが AI に視覚を与えたから」です。
> 　本章でそのしくみの一端を調べたように、ディープラーニングは画像の識別を可能にします。それはこれまでの技術では困難なことでした。おかげで、工業用ロボットは複雑な作業をこなせるようになったのです。
> 　ところで、「聴覚」情報は音で運ばれますが、それは音波という「視覚」情報に変換できます。これにディープラーニングを応用すれば、AI は「聴覚」も得たことにもなります。ディープラーニングのおかげで AI は視覚と同時に聴覚も入手したことになるのです。近年 AI によって音声認識が発達したのはこのためです。
> 　以上のように、ディープラーニングはこれまでの機械が苦手としていた分野に急速に食指を伸ばしています。第 4 次産業革命の担い手として AI が主役として選ばれるのは、このような背景があるからなのです。

6章
RNNとBPTT

ニューラルネットワークに記憶の能力を持たせたのがリカレントニューラルネットワークです。ニューラルネットワークの出力を、再度入力として利用することで、その記憶を実現します。

6章　RNNとBPTT

§1 リカレントニューラルネットワーク（RNN）のしくみ

▶5章で調べたニューラルネットワーク（以下NNと略記）は、時間的に順序付けられたデータ（すなわち**時系列**のデータ）の処理はできません。例えば、写真の中で「猫」は見つけられても、その猫が次にどのように動いていくかという予測はできないのです。その時系列のデータの処理を可能にするのが**リカレントニューラルネットワーク**（以下RNNと略記）です。

時系列処理は、別の観点からすると「記憶を持たせる」処理です。RNNはNNに記憶を持たせたものとも考えられるのです。

▶ 具体例で考える

RNNのアイデアを理解するために、次の 例題 に示す簡単な言葉遊び（アナグラム）を考えましょう。

> **例題** 「さ」「い」「く」の3文字を並べ替えると6個の言葉が生まれます。最初の2文字を与えて、最後の文字を予想するリカレントニューラルネットワークを作りましょう。
>
> | 言葉（読み） | 入力文字 | 最後の文字 |
> |---|---|---|
> | 細工（さいく） | 「さ」「い」 | く |
> | 作為（さくい） | 「さ」「く」 | い |
> | 悔いさ（くいさ） | 「く」「い」 | さ |
> | 遺作（いさく） | 「い」「さ」 | く |
> | 戦（いくさ） | 「い」「く」 | さ |
> | 臭い（くさい） | 「く」「さ」 | い |

§1 リカレントニューラルネットワーク（RNN）のしくみ

たとえば、「さ」「い」と順に入力すれと、「く」が出力されるようなRNNを作成するのが目標です。次のスマートフォンの画面イメージで確認してください。

「さ」「い」と入力したなら「く」が予測されるりRNNを作成。

▶ データの形式と正解ラベル

最初に、データの形式を確認します。

入力層に入力する文字データ「さ」「い」「く」は次の形式で表します。

$$\text{「さ」} = \begin{pmatrix} 1 \\ 0 \\ 0 \end{pmatrix}, \text{「い」} = \begin{pmatrix} 0 \\ 1 \\ 0 \end{pmatrix}, \text{「く」} = \begin{pmatrix} 0 \\ 0 \\ 1 \end{pmatrix} \cdots \boxed{1}$$

注 このような単純なベクトルをデータに付与する方法を One hot エンコーディングといいます。

次に、正解ラベルについて確認します。RNNも、NN同様、「教師あり学習」であり、正解ラベルがありますが、それは各単語の3文字目が相当します。

言葉の最後の文字を正解ラベルとして利用する。

▶ ニューラルネットワークに記憶を持たせたRNN

▶5章で調べたNNでは記憶を持たせることはできません。例えば、次のようにNNを考えてみましょう。ここで、X_1、X_2、X_3は順にデータ形式 1 が入力される入力層のユニットを表します。また、Z_1、Z_2、Z_3は順に文字「さ」、「い」、「く」に反応する出力ユニットを表します。また、隠れ層には2つのユニットH_1、H_2を配置することにします。

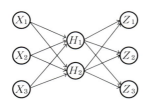

▶5章で調べたNNと同じ形式。Z_1、Z_2、Z_3は順に文字「さ」、「い」、「く」に反応する出力ユニット。隠れ層が2つのユニットである必然性はない。

これに「さ」「い」と入力するとしましょう（下図）。どう考えても、「さい」と入力した情報は記憶されず、「細工」の最後の読み「く」は予想できません。

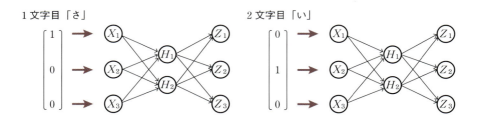

では、どうやって入力文字の情報を記憶させられるでしょうか？　それを実現する方法は意外に簡単です。次図のように順に結合すればよいのです。

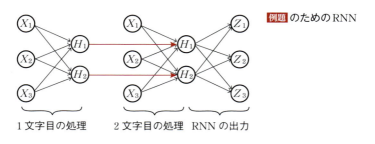

例題 のためのRNN

1文字目の隠れ層の「出力」を、2文字目の隠れ層の「入力」に取り込むのです。こうして、前の処理の記憶が次の処理に伝わっていくわけです。

注 RNNにはいくつものタイプがあります。ここでは、最も簡単な形を調べています。

ちなみに、多くの文献では、RNNの図は右図のように簡潔に表現されています。このように表現すれば、時系列データの要素がいくつになっても、同一の図で表現できるからです。また、イメージ的な理解にも役立ちます(ユニットの関係が見えにくいという欠点もあります)。

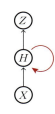

▶数式化の準備

RNNのパラメーター(すなわち重みと閾値)を決定するアルゴリズムは、NNで調べたのと基本的に同じです。その決定の準備として、ユニット名とその出力の名称を次の表のように定義します。

〔表1〕ユニットの記号と意味

層	入力層	隠れ層	出力層
ユニット名	X_1、X_2、X_3	H_1、H_2	Z_1、Z_2、Z_3
入力の線形和	—	順にs_1^H、s_2^H	順にs_1^O、s_2^O、s_3^O
出力値	順にx_1、x_2、x_3	順にh_1、h_2	順にz_1、z_2、z_3

また、各ユニットの重みと閾値は下図に示すように定義します。

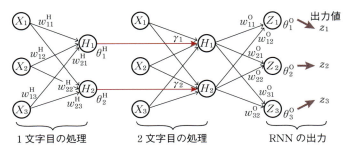

2文字目の処理のための重みと閾値は1文字目と同じ。

6章 RNNとBPTT

　矢の先端にあるのが重み、ユニットを表す円の右下にあるのが閾値です。「2文字目の処理」部分の重みと閾値は、1文字目と同じです。

　この図の中で利用されている記号の意味を表にまとめましょう。基本的には、▶5章で調べたNNと変わりませんが、1文字目の処理の隠れ層の出力が2文字目の隠れ層に関係する箇所（すなわちγ_jの存在）だけは異なります。このパラメーターγ_jを**回帰の重み**と呼ぶことにします。

〔表2〕パラメーターの意味

記号名	意味
w_{ji}^{H}	隠れ層のユニットH_jが入力層ユニットX_iに課す重み（$i=1, 2, 3$、$j=1, 2$）。
w_{kj}^{O}	出力層のユニットZ_kが隠れ層のユニットH_jに課す重み（$j=1, 2$、$k=1, 2, 3$）。
θ_j^{H}	隠れ層のユニットH_jの閾値（$j=1, 2$）。
θ_k^{O}	出力層のユニットZ_kの閾値（$k=1, 2, 3$）。
s_j^{H}	隠れ層ユニットH_jの入力の線形和（$j=1, 2$）。
s_k^{O}	出力層ユニットZ_kの入力の線形和（$k=1, 2, 3$）。
γ_j	隠れ層ユニットH_jが前の隠れ層ユニットH_jの出力に課す重み（$j=1, 2$）。「回帰の重み」と呼ぶことにする。

▶ユニットの入出力を数式で表現

　例題のRNNの図が示すように、時系列データの1番目のデータ要素については、その処理方法は▶5章で調べたNNの場合と同じです。RNNの特徴が現れるのは、2番目のデータ要素の処理です。2文字目の隠れ層の入力に、1文字目の隠れ層の出力が組み込まれるのです。すなわち、次の規則で処理されます。

> 前の文字のための隠れ層H_jの出力を、次の文字のための隠れ層H_jは重みγ_jを課して入力文字と並列して取り込む（$j=1, 2$）。

§1 リカレントニューラルネットワーク (RNN) のしくみ

左記の「規則」を図示。

注 一般的に、文字数が増えてもこの2文字目の処理をコピーするだけです。

この規則のもとで、各ユニットに対する入出力の関係を式で表現してみましょう。ここで、$s_1^{H(1)}$、$s_2^{H(1)}$ などの添え字「(1)」は1層目の隠れ層に関するもの、$s_1^{H(2)}$、$s_2^{H(2)}$ などの添え字「(2)」は2層目の隠れ層に関するものであることを示しています。

〔表3〕入出力の関係

層	入出力	入出力
隠れ層	入力	（最初の文字処理）H_j への入力の線形和 $s_j^{H(1)}$ $= (w_{j1}^H x_1^{(1)} + w_{j2}^H x_2^{(1)} + w_{j3}^H x_3^{(1)}) - \theta_j^H$ （2文字目の処理）H_j への入力の線形和 $s_j^{H(2)}$ $= (w_{j1}^H x_1^{(2)} + w_{j2}^H x_2^{(2)} + w_{j3}^H x_3^{(2)}) + \gamma_j h_j^{(1)} - \theta_j^H$ $(j = 1, 2)$
	出力	$h_j^{(1)} = a(s_j^{H(1)})$、$h_j^{(2)} = a(s_j^{H(2)})$ $(j = 1, 2)$
出力層	入力	Z_k への入力の線形和 s_k^O $= (w_{k1}^O h_1^{(2)} + w_{k2}^O h_2^{(2)}) - \theta_k^O$ $(k = 1, 2, 3)$
	出力	Z_k の出力 $z_k = a(s_k^O)$ $(k = 1, 2, 3)$

注 a は活性化関数を表します。層ごとに異なる形が許されます。また、上記のように、上付きの (1) は1層目の隠れ層に関するもの、(2) は2層目の隠れ層に関するものであることを示します。

ちなみに、Excel で RNN を作成する際には、これらの具体的な式よりも、その式の作り方を理解しておくことが大切です。

6章 RNNとBPTT

▶ 具体的に式で表してみる

話が長くなったので、次の具体例で関係を確認しましょう。

例 「作為」の入力の際、「さ」「く」と入力すると「い」が予測されるRNNについて、式の関係を表にしてみましょう。

最初の文字「さ」について、その処理を調べます。下図で変数の確認をしておきましょう。

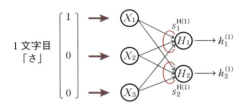

1文字目の入力と記号 $s_1^{H(1)}$、$s_2^{H(1)}$ の関係を確認。

注 1文字目の出力層の出力は不要なので、計算しません。

層	入出力	入出力
入力層	入出力	$(x_1, x_2, x_3) = (1, 0, 0)$
隠れ層	入力	$s_1^{H(1)} = (w_{11}^H \cdot 1 + w_{12}^H \cdot 0 + w_{13}^H \cdot 0) - \theta_1^H = w_{11}^H - \theta_1^H$ $s_2^{H(1)} = (w_{21}^H \cdot 1 + w_{22}^H \cdot 0 + w_{23}^H \cdot 0) - \theta_2^H = w_{21}^H - \theta_2^H$
	出力	$h_1^{(1)} = a(s_1^{H(1)})$、$h_2^{(1)} = a(s_2^{H(1)})$

次に2番目の文字「く」について、その処理を調べましょう。

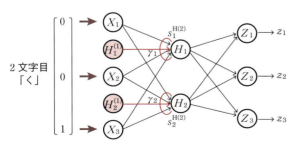

2文字目の入力と記号 $s_1^{H(2)}$、$s_2^{H(2)}$、γ_1、γ_2 の関係を確認。ユニット $H_1^{(1)}$、$H_2^{(1)}$ は1文字目の隠れ層のユニットを示す。

層	入出力	入出力
入力層	入出力	$(x_1, x_2, x_3) = (0, 0, 1)$
隠れ層	入力	$\begin{aligned}s_1^{H(2)} &= (w_{11}^H \cdot 0 + w_{12}^H \cdot 0 + w_{13}^H \cdot 1) + \gamma_1 \cdot h_1^{(1)} - \theta_1^H \\ &= w_{13}^H + \gamma_1 \cdot h_1^{(1)} - \theta_1^H \\ s_2^{H(2)} &= (w_{21}^H \cdot 0 + w_{22}^H \cdot 0 + w_{23}^H \cdot 1) + \gamma_2 \cdot h_2^{(1)} - \theta_2^H \\ &= w_{23}^H + \gamma_2 \cdot h_2^{(1)} - \theta_2^H \end{aligned}$
	出力	$h_1^{(2)} = a(s_1^{H(2)})、h_2^{(2)} = a(s_2^{H(2)})$
出力層	入力	$\begin{aligned} s_1^O &= (w_{11}^O h_1^{(2)} + w_{12}^O h_2^{(2)}) - \theta_1^O \\ s_2^O &= (w_{21}^O h_1^{(2)} + w_{22}^O h_2^{(2)}) - \theta_2^O \\ s_3^O &= (w_{31}^O h_1^{(2)} + w_{32}^O h_2^{(2)}) - \theta_3^O \end{aligned}$
	出力	$z_1 = a(s_1^O)、z_2 = a(s_2^O)、z_3 = a(s_3^O)$

▶最適化のための目的関数を求める

正解ラベルとしては、先に調べたように、言葉の読みの3文字目を利用します。その正解ラベルは次のように表現できます。

(t_1, t_2, t_3)

この変数 t は ▶5章 §2 で調べた正解変数と同様、次の意味を持ちます。

文字	「さ」	「い」	「く」
t_1	1	0	0
t_2	0	1	0
t_3	0	0	1

先に述べた出力層 Z_1、Z_2、Z_3 の意味から、ニューラルネットワークのときと同様、RNNの出力と正解との誤差(平方誤差)は次のように表現できます。

$$平方誤差 e = \frac{1}{2}\{(t_1 - z_1)^2 + (t_2 - z_2)^2 + (t_3 - z_3)^2\} \cdots \boxed{1}$$

ここで、z_1、z_2、z_3は〔表3〕で算出された出力層の出力値です。先の 例 について、その平方誤差を式で表現してみましょう。

問 先の 例 で平方誤差eを求めましょう。

正解ラベルが「い」($=(0, 1, 0)$)なので、

$$\text{平方誤差}\, e = \frac{1}{2}\{(0-z_1)^2+(1-z_2)^2+(0-z_3)^2\}\quad \boxed{1}\ \text{答}$$

式$\boxed{1}$で求められる平方誤差eをデータ全体で合計すれば、最小化すべき目的関数Eが得られます。

$$E = e_1 + e_2 + \cdots + e_6 \cdots \boxed{2}$$

ここで、e_kはk番目($k=1, 2, \cdots, 6$)のデータについての平方誤差(式$\boxed{1}$)で、次のように表せます。

$$e_k = \frac{1}{2}\{(t_1[k]-z_1[k])^2+(t_2[k]-z_2[k])^2+(t_3[k]-z_3[k])^2\} \cdots \boxed{3}$$

$(t_1[k], t_2[k], t_3[k])$はk番目のデータについての正解ラベル、$(z_1[k], z_2[k], z_3[k])$はk番目のデータについてのRNNの出力値です。この記法については、NNのときにも利用しました(▶5章§3)。

以上で準備ができました。

式$\boxed{2}$の目的関数Eを最小にする(すなわち最適化する)ことが目標になります。そうすることで、RNNの重みと閾値が決定できるのです。次節では、そのための有名な技法として**バックプロパゲーションスルータイム**(**BPTT**)を考えます。

§2 バックプロパゲーションスルータイム（BPTT）

　RNNの最適化の代表手法として、バックプロパゲーションスルータイム（以下**BPTT**と略記）があります。このアルゴリズムはニューラルネットワークで調べた誤差逆伝播法（バックプロパゲーション、以下**BP**と略記）と数学的に同様です。▶§1と同じ 例題 で具体的に調べてみましょう。

> 例題 ▶§1の 例題 について、BPTTを用いてRNNの重みと閾値を求めましょう。

▶ユニットの誤差δと勾配

　▶5章で調べたように、誤差逆伝播法を利用するには、**ユニットの誤差**と呼ばれる変数δを定義することから始めます。これは平方誤差e（▶§1の式 1 ）を用いて、次のように定義されます。

注 関数や変数などの記号の意味は前節（▶§1）と同じです。

$$
\left.
\begin{aligned}
&（隠れ層）\; \delta_j^{H(1)} = \frac{\partial e}{\partial s_j^{H(1)}}, \; \delta_j^{H(2)} = \frac{\partial e}{\partial s_j^{H(2)}} \quad (j = 1, 2) \\
&（出力層）\; \delta_i^{O} = \frac{\partial e}{\partial s_i^{O}} \quad (i = 1, 2, 3)
\end{aligned}
\right\} \cdots \boxed{1}
$$

　このユニットの誤差を利用して勾配を求め、勾配降下法から目的関数E（▶§1の式 2 ）を最小化する、というのが▶5章で調べた誤差逆伝播法（BP）のアルゴリズムです。BPTTも同様です。

6章 RNNとBPTT

▶勾配の計算式を導出

▶5章で調べたのと同様に、このユニットの誤差δを用いることで、重みと閾値に対する平方誤差の勾配成分が次のように求められます。見やすいように、行列で表現しましょう（⊙はアダマール積を表します（▶付録D））。

$$\begin{pmatrix} \dfrac{\partial e}{\partial w_{11}^{\mathrm{H}}} & \dfrac{\partial e}{\partial w_{12}^{\mathrm{H}}} & \dfrac{\partial e}{\partial w_{13}^{\mathrm{H}}} & \dfrac{\partial e}{\partial \theta_1^{\mathrm{H}}} \\ \dfrac{\partial e}{\partial w_{21}^{\mathrm{H}}} & \dfrac{\partial e}{\partial w_{22}^{\mathrm{H}}} & \dfrac{\partial e}{\partial w_{23}^{\mathrm{H}}} & \dfrac{\partial e}{\partial \theta_2^{\mathrm{H}}} \end{pmatrix} = \begin{pmatrix} \delta_1^{\mathrm{H}(1)} & \delta_1^{\mathrm{H}(2)} \\ \delta_2^{\mathrm{H}(1)} & \delta_2^{\mathrm{H}(2)} \end{pmatrix} \begin{pmatrix} x_1^{(1)} & x_2^{(1)} & x_3^{(1)} & -1 \\ x_1^{(2)} & x_2^{(2)} & x_3^{(2)} & -1 \end{pmatrix} \cdots \boxed{2}$$

$$\begin{pmatrix} \dfrac{\partial e}{\partial w_{11}^{\mathrm{O}}} & \dfrac{\partial e}{\partial w_{12}^{\mathrm{O}}} & \dfrac{\partial e}{\partial \theta_1^{\mathrm{O}}} \\ \dfrac{\partial e}{\partial w_{21}^{\mathrm{O}}} & \dfrac{\partial e}{\partial w_{22}^{\mathrm{O}}} & \dfrac{\partial e}{\partial \theta_2^{\mathrm{O}}} \\ \dfrac{\partial e}{\partial w_{31}^{\mathrm{O}}} & \dfrac{\partial e}{\partial w_{32}^{\mathrm{O}}} & \dfrac{\partial e}{\partial \theta_3^{\mathrm{O}}} \end{pmatrix} = \begin{pmatrix} \delta_1^{\mathrm{O}} & \delta_1^{\mathrm{O}} & \delta_1^{\mathrm{O}} \\ \delta_2^{\mathrm{O}} & \delta_2^{\mathrm{O}} & \delta_2^{\mathrm{O}} \\ \delta_3^{\mathrm{O}} & \delta_3^{\mathrm{O}} & \delta_3^{\mathrm{O}} \end{pmatrix} \odot \begin{pmatrix} h_1^{(2)} & h_2^{(2)} & -1 \\ h_1^{(2)} & h_2^{(2)} & -1 \\ h_1^{(2)} & h_2^{(2)} & -1 \end{pmatrix} \cdots \boxed{3}$$

$$\begin{pmatrix} \dfrac{\partial e}{\partial \gamma_1} \\ \dfrac{\partial e}{\partial \gamma_2} \end{pmatrix} = \begin{pmatrix} \delta_1^{\mathrm{H}(2)} \\ \delta_2^{\mathrm{H}(2)} \end{pmatrix} \odot \begin{pmatrix} h_1^{(1)} \\ h_2^{(1)} \end{pmatrix} \cdots \boxed{4}$$

式 $\boxed{4}$ がRNNにおいて特徴となる式です。簡単に次のように証明できます。

$$\dfrac{\partial e}{\partial \gamma_1} = \dfrac{\partial e}{\partial s_1^{\mathrm{H}(2)}} \dfrac{\partial s_1^{\mathrm{H}(2)}}{\partial \gamma_1} = \delta_1^{\mathrm{H}(2)} h_1^{(1)} 、 \dfrac{\partial e}{\partial \gamma_2} = \dfrac{\partial e}{\partial s_2^{\mathrm{H}(2)}} \dfrac{\partial s_2^{\mathrm{H}(2)}}{\partial \gamma_2} = \delta_2^{\mathrm{H}(2)} h_2^{(1)}$$

公式 $\boxed{2}$、$\boxed{3}$ の証明はニューラルネットワークの場合と同様です。そこで、▶付録Iに別記することにします。

δ_k^O、$\delta_j^{H(2)}$、$\delta_i^{H(1)}$ の関係を漸化式で表現

BPTTでは、▶5章で調べたBPと同様、層ごとのユニットの誤差δが漸化式としてまとめられます。結論の式をまとめましょう。

注 証明はBPの場合と基本的に同じです。▶付録Kに別記しました。

$$\begin{pmatrix} \delta_1^O \\ \delta_2^O \\ \delta_3^O \end{pmatrix} = - \begin{pmatrix} t_1 - z_1 \\ t_2 - z_2 \\ t_3 - z_3 \end{pmatrix} \odot \begin{pmatrix} a'(s_1^O) \\ a'(s_2^O) \\ a'(s_3^O) \end{pmatrix} \quad \cdots \boxed{5}$$

$$\begin{pmatrix} \delta_1^{H(2)} \\ \delta_2^{H(2)} \end{pmatrix} = \left[\begin{pmatrix} w_{11}^O & w_{21}^O & w_{31}^O \\ w_{12}^O & w_{22}^O & w_{32}^O \end{pmatrix} \begin{pmatrix} \delta_1^O \\ \delta_2^O \\ \delta_3^O \end{pmatrix} \right] \odot \begin{pmatrix} a'(s_1^{H(2)}) \\ a'(s_2^{H(2)}) \end{pmatrix} \quad \cdots \boxed{6}$$

$$\begin{pmatrix} \delta_1^{H(1)} \\ \delta_2^{H(1)} \end{pmatrix} = \begin{pmatrix} \delta_1^{H(2)} \\ \delta_2^{H(2)} \end{pmatrix} \odot \begin{pmatrix} \gamma_1 \\ \gamma_2 \end{pmatrix} \odot \begin{pmatrix} a'(s_1^{H(1)}) \\ a'(s_2^{H(1)}) \end{pmatrix} \quad \cdots \boxed{7}$$

BPの場合と同様、出力層の誤差 $\delta_1^O \sim \delta_3^O$ を式 $\boxed{5}$ から算出すれば、ネットワークの向きと逆順に式 $\boxed{5} \to \boxed{6} \to \boxed{7}$ を追うことで、すべてのユニットの誤差δが算出できます。

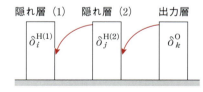

公式 $\boxed{5} \to \boxed{6} \to \boxed{7}$ の順、すなわちネットワークの逆順に、漸化式をたどると勾配計算が可能になる。

MEMO コンテキストノード

▶ §1の 例 の2文字目の処理の図では、ユニットの記号 $H_1^{(1)}$、$H_2^{(1)}$ を導入しました。1文字目の隠れ層ユニットと同義ですが、これを独立させて**コンテキストノード**と呼び、下図のように表現する場合があります。

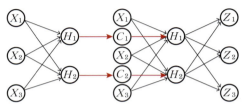

本節のRNNの別の表現。ユニットCはコンテキストノード。Cはメモリーの働きをするとも考えられます。（ノードとユニットは同義です）

§3 BPTTをExcelで体験

前節（▶§2）で調べたBPTTのアルゴリズムを利用して、実際にExcelで計算してみましょう。

> **演習** 前節の **例題** で調べたRNNの重みと閾値を、BPTTを用いてExcelで具体的に求めてみましょう。

注 本節のワークシートは、ダウンロードサイト（▶244ページ）に掲載されたファイル「6.xlsx」にあります。

▶ExcelでBPTT

最初に、前節で調べたBPTTをExcelで実現しやすいように整理します。

① 訓練データを準備。
② 重みと閾値を初期設定。ステップサイズηとして適当な小さい正の値を設定。
注 ステップサイズについては、▶2章§2を参照してください。
③ 訓練データと重み、閾値から、▶§1〔表3〕を用いてユニット出力を算出。
④ BPTTの式（▶§2式 5〜 7 ）から各層のユニットの誤差δを計算。
⑤ ユニットの誤差δから平方誤差eの勾配（▶§2式 2 〜 4 ）を計算。
　なお、ついでに目的関数Eの値も算出。
⑥ ③〜⑤の結果を訓練データ全てについて総和し、目的関数Eの勾配を算出。
⑦ ⑥で求めた勾配から、勾配降下法を利用して重みと閾値の値を更新。
⑧ 目的関数Eの値が十分小さくなるまで、③〜⑦の操作の反復。

6章 RNNとBPTT

　それでは、ステップを追って、BPTTからRNNのパラメーター（すなわち重みと閾値）をExcelで計算してみましょう。基本的にはニューラルネットワークのときと変わりありません。

① 訓練データを準備します。

　RNNを確定するには、訓練データから重みと閾値を定めなければなりません。そのために、Excelのワークシートに、与えられた6個の訓練データを用意します。

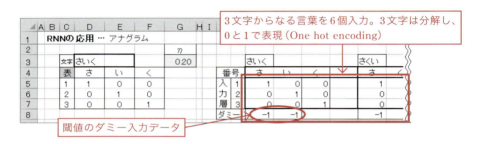

② 重みと閾値、そして「回帰の重み」の初期値を設定します。

　RNNを決定するパラメーターの初期値を設定します。また、勾配降下法の計算に必要なステップサイズ η には、適当な小さい正の値を設定します。

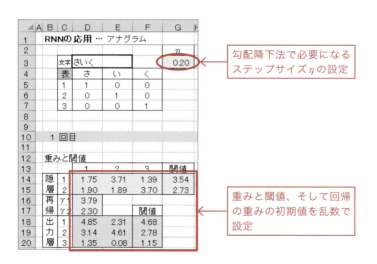

134

§3 BPTTをExcelで体験

なお、勾配降下法のステップサイズηの設定は試行錯誤によるところが大です。同様に、RNNを決定するパラメーターの初期設定値についても、良い結果を得るには何回か設定変更を要するかもしれません。

③ ユニットの出力を求めます。

1番目の文字について、重みと閾値から各ユニットの重み付き入力、その活性化関数の値を求めます。

> **注** 活性化関数としてシグモイド関数を用いています。各層ごとに活性化関数が共通であれば、他の関数を利用してもよいでしょう。

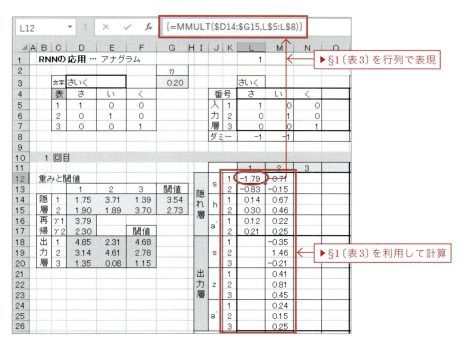

④ BPTTから各層のユニット誤差 δ を計算します。

まず、出力層の「ユニットの誤差」δ_k^Oを計算します（▶§2式 **5**）。続けて、「逆」漸化式から$\delta_j^{H(2)}$、$\delta_i^{H(1)}$を計算します（▶§2式 **6**、**7**）。

6章 RNNとBPTT

[スプレッドシート画像: §2式 5〜7 を利用して計算]

⑤ ユニット誤差 δ から平方誤差 e の勾配を計算します。

④で求めた δ から、平方誤差 e の勾配を計算します（▶§2式 2〜4）。なお、ついでに平方誤差 e の値も算出しておきましょう。

> **MEMO** コンテキストノードの表現
>
> ▶§2の節末では、「コンテキストノード」について調べました。多くの文献では、このノードを右図のようにも表現します。本節では3文字の言葉を扱っていますが、このように表現すれば、文字数の制限がなくなります。

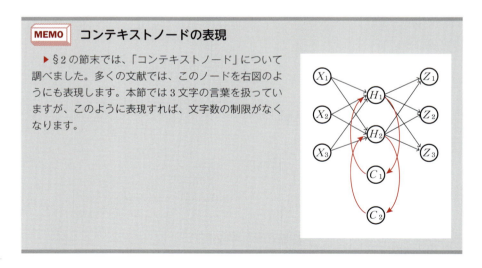

§3 BPTTをExcelで体験

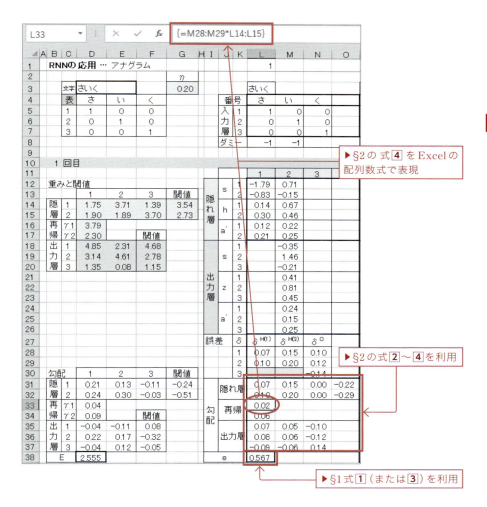

⑥ 目的関数 E の勾配を算出します。

訓練データの代表として1番目のデータのみを取り上げ、計算してきました。目標はその計算を全データについて行い、加え合わせなければ達成できません。そこで、これまで作成したワークシートを訓練データの言葉6個すべてについてコピーします。

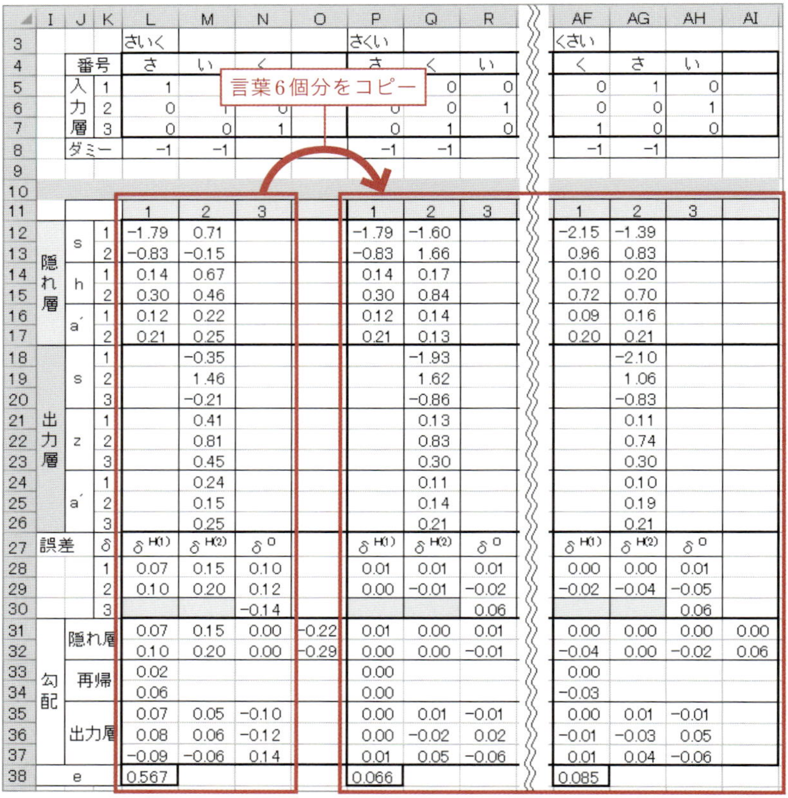
言葉6個分をコピー

	I	J	K	L	M	N	O	P	Q	R	AF	AG	AH	AI
3				さいく				さくい			くさい			
4		番号		さ	い	く		さ	く	い	く	さ	い	
5		入	1	1					0	0	0	1	0	
6		力	2	0	1	0		0	0	1	0	0	1	
7		層	3	0	0	1		0	1	0	1	0	0	
8		ダミー		−1	−1			−1	−1		−1	−1		
9														
10														
11				1	2	3		1	2	3	1	2	3	
12	隠れ層	s	1	−1.79	0.71			−1.79	−1.60		−2.15	−1.39		
13			2	−0.83	−0.15			−0.83	1.66		0.96	0.83		
14		h	1	0.14	0.67			0.14	0.17		0.10	0.20		
15			2	0.30	0.46			0.30	0.84		0.72	0.70		
16		a´	1	0.12	0.22			0.12	0.14		0.09	0.16		
17			2	0.21	0.25			0.21	0.13		0.20	0.21		
18	出力層	s	1		−0.35				−1.93			−2.10		
19			2		1.46				1.62			1.06		
20			3		−0.21				−0.86			−0.83		
21		z	1		0.41				0.13			0.11		
22			2		0.81				0.83			0.74		
23			3		0.45				0.30			0.30		
24		a´	1		0.24				0.11			0.10		
25			2		0.15				0.14			0.19		
26			3		0.25				0.21			0.21		
27	誤差		δ	$\delta^{H(1)}$	$\delta^{H(2)}$	δ^{O}		$\delta^{H(1)}$	$\delta^{H(2)}$	δ^{O}	$\delta^{H(1)}$	$\delta^{H(2)}$	δ^{O}	
28			1	0.07	0.15	0.10		0.01	0.01	0.01	0.00	0.00	0.01	
29			2	0.10	0.20	0.12		0.00	−0.01	−0.02	−0.02	−0.04	−0.05	
30			3			−0.14				0.06			0.06	
31	勾配	隠れ層		0.07	0.15	0.00	−0.22	0.01	0.00	0.01	0.00	0.00	0.00	0.00
32				0.10	0.20	0.00	−0.29	0.00	0.00	−0.01	−0.04	0.00	−0.02	0.06
33		再帰		0.02				0.00			0.00			
34				0.06				0.00			−0.03			
35		出力層		0.07	0.05	−0.10		0.00	0.01	−0.01	0.00	0.01	−0.01	
36				0.08	0.06	−0.12		0.00	−0.02	0.02	−0.01	−0.03	0.05	
37				−0.09	−0.06	0.14		0.01	0.05	−0.06	0.01	0.04	−0.06	
38		e		0.567				0.066			0.085			

言葉6個分のコピーが済んだなら、平方誤差eの勾配を合計し、目的関数Eの勾配を算出します（ついでにEの値も算出しておきます）。

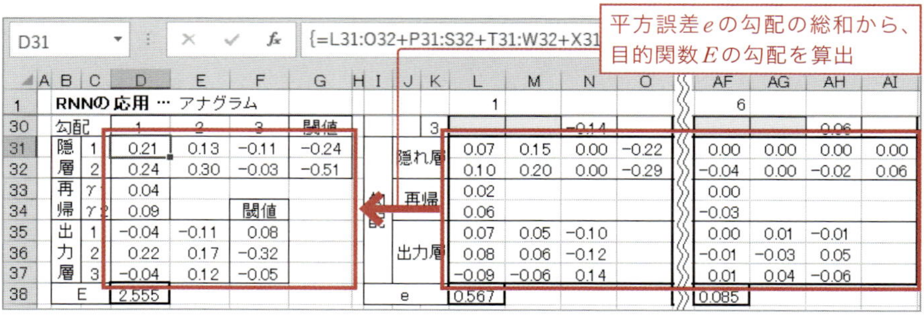
D31
{=L31:O32+P31:S32+T31:W32+X31
平方誤差eの勾配の総和から、
目的関数Eの勾配を算出

	A	B	C	D	E	F	G	I	J	K	L	M	N	O	AF	AG	AH	AI
1		RNNの応用 … アナグラム									1				6			
30		勾配		1	2	3	閾値			3			−0.14				0.06	
31		隠	1	0.21	0.13	−0.11	−0.24	勾配	隠れ層		0.07	0.15	0.00	−0.22	0.00	0.00	0.00	0.00
32		層	2	0.24	0.30	−0.03	−0.51				0.10	0.20	0.00	−0.29	−0.04	0.00	−0.02	0.06
33		再	γ1	0.04					再帰		0.02				0.00			
34		帰	γ2	0.09		閾値					0.06				−0.03			
35		出	1	−0.04	−0.11	0.08			出力層		0.07	0.05	−0.10		0.00	0.01	−0.01	
36		力	2	0.22	0.17	−0.32					0.08	0.06	−0.12		−0.01	−0.03	0.05	
37		層	3	−0.04	0.12	−0.05					−0.09	−0.06	0.14		0.01	0.04	−0.06	
38		E		2.555					e		0.567				0.085			

§3 BPTTをExcelで体験

⑦ ⑥で求めた勾配から、重みと閾値の値を更新します。

勾配降下法を利用し、新たな重みと閾値の値を求めます。Excelで実現するには、手順⑥の表の下に新たに下図の表を作成し、そこに、更新の式を埋め込みます（▶2章§2）。

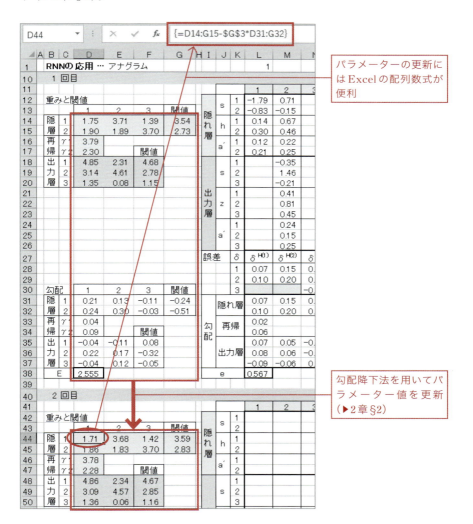

パラメーターの更新にはExcelの配列数式が便利

勾配降下法を用いてパラメーター値を更新（▶2章§2）

⑧ ③〜⑦の操作を反復します。

⑦で作成された新たな重みと閾値を利用して、再度③からの処理を行います。それには⑥までに作成したワークシートをコピーすればよいでしょう。そこで得られたワークシートを、50回分さらにコピー操作してみましょう。下図はその結果です。

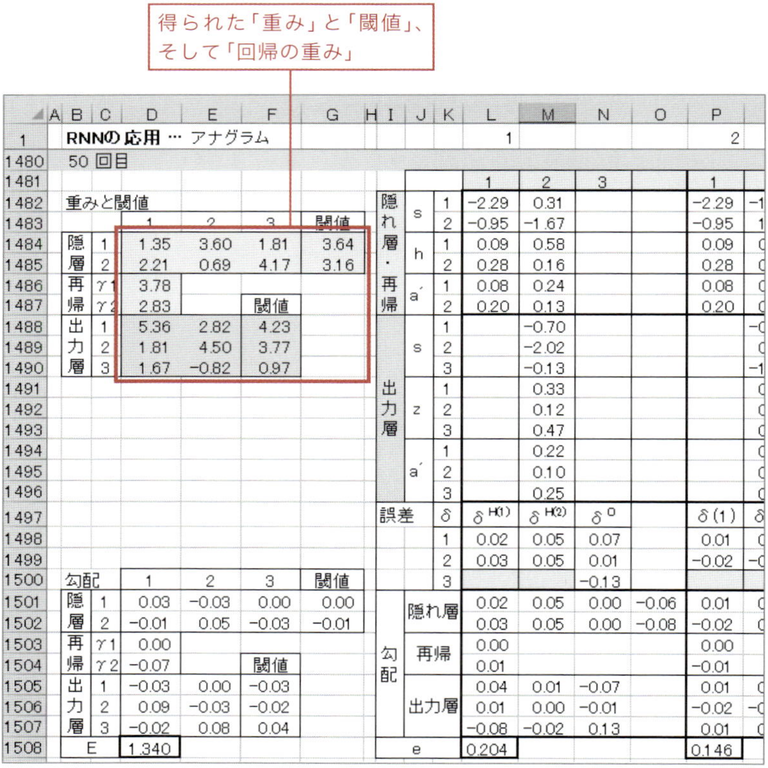

得られた「重み」と「閾値」、そして「回帰の重み」

これまで作成したワークシートを50ブロック分、下にコピー。

こうして得られた重みと閾値を持つRNNは、訓練データの6つの言葉について、すべて正しい予測を算出してくれます。

§3 BPTTをExcelで体験

⑨ **動作を確認しましょう。**

　最適化が済んだリカレントニューラルネットワークを用いて、それが正しく動作するかテストしてみましょう。

　次の図は「いくさ」(戦)と入力するつもりで「いく」と入力した図です。「さ」を検知する出力層1番目のユニットの出力が最大になっています。正しく「さ」を予測しています。

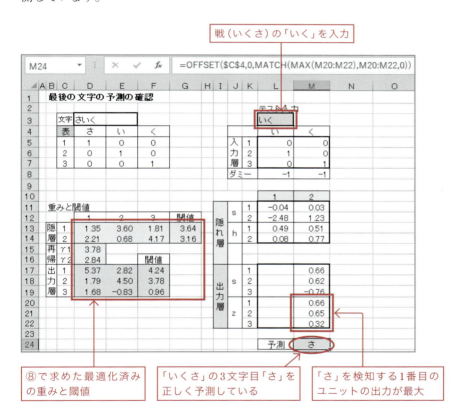

> **注** このワークシートはダウンロードサイト(▶244ページ)に掲載されたファイル「6.xlsx」の「テスト」タブに収められています。

> **参考　学習と推論**
>
> 　ディープラーニングの処理には「学習」と「推論」の2段階があります。「学習」は訓練用のデータを使ってニューラルネットワークを決定することです。「推論」は、こうしてできあがったネットワークに実際のデータを与え、目的の処理を行うことです。
>
> 　本書では、これまで、「学習」のしくみを簡単な例を通して調べました。
>
> 　ところで、実用的な「学習」には膨大な計算が必要になります。例えばスマートスピーカーで自然な会話ができるようにするディープラーニングのシステムをつくるには、巨大なコンピューターと膨大なデータが必要になります。
>
> 　それに比して、「推論」にはそれほどの計算を要しません。できあがったネットワークを利用するだけだからです。要するに、「推論」に用いられるコンピューターには、高い性能が求められないのです。
>
> 　AI用LSIで有名なNVIDIA社は、このことを次のように表現しています。
>
> 　「我々がシェイクスピアのソネット集を読むために、教師陣や、ぎっしりと詰まった書棚、赤レンガの校舎をすべて担いで回るわけではないように、推論でも、仕事をうまくこなすために、そのトレーニング法の基盤がすべて必要になるわけではありません。」
>
> 　そこで、近年は「推論」用に特化したディープラーニング用のコンピューターが開発され始めました。これを利用すれば、小型のシステムで、ディープラーニングの成果を享受できるようになります。例えば現在、外国語に翻訳する際、スマートフォンはネットにつなげる必要があります。しかし、近い将来、オフラインでも翻訳ができる時代が来るでしょう。

7章 Q学習

試行錯誤を繰り返し、より大きな価値のある行動を模索して最適な解を得ようとするのが「強化学習」です。機械学習する多くのロボットでは、主要な学習アルゴリズムの1つとなっています。本章では、その「強化学習」の代表的な手法であるQ学習について調べます。

7章　Q学習

強化学習とＱ学習

　人が教えるのではなく、機械が自ら学ぶという機械学習の趣旨に最も合致している学習法の1つが**強化学習**でしょう。いろいろと挑戦させて、より大きな価値のある行動を探す方法を用いて機械が学習します。その「強化学習」の代表的な手法が**Ｑ学習**です。

▶強化学習の代表がＱ学習

　AIを実現する手法の1つに**強化学習**があります。この強化学習の考え方を理解するために、例として子供の「水泳の学習」を考えてみます。

　子供に泳ぎを学ばせるとき、マニュアルで理解させることはしません。実際にプールに連れて行き、水の中で訓練します。その中で、親や先生の言うことを参考にしながら、子供は水泳の能力を習得していきます。自分の「行動」から「状態」を把握し、長く泳げるようになれたなら嬉しいという「報酬」を得ます。これを繰り返すことで、泳げるようになるのです。

行動　　　　　　　　　　　嬉しいという報酬

　強化学習は、これと同じ学習法をコンピューターで実現します。行動と報酬を組み合わせて機械自らが学んでいくのです。
　この強化学習には様々な方法が考え出されています。先に述べたように、その中で最も古典的で有名なのが**Ｑ学習**です。古典的といっても、現在、様々な機械学習の基本として各方面で利用され、その有効性が確かめられています。

▶Q学習をアリから理解

　Q学習は大変理解しやすい学習モデルです。本節では「アリが巣と餌場との最短経路を探す」という具体例で調べます。しくみがわかれば一般化は容易です。

注 実際のアリの動きは複雑です。以下の議論はアリの動きを単純化しています。

　餌を探しに巣から出たアリが偶然に巨大なケーキに遭遇したとしましょう。このとき、ケーキを巣に運ぶために、何回も巣とケーキを往復することになります（アリは1匹だけとします）。アリも楽をしたいので、往復の中で最短のルートを発見していくことになります。このアリの立場になって考えてみましょう。

　最初に留意すべき点は、アリは歩きながら「道しるべフェロモン」と呼ばれる匂いを道に付けることです。アリが迷わないのはこのためです。

アリは歩いた所に「道しるべフェロモン」と呼ばれる匂いを残す。

　最初に来た道の匂いに従って往復すれば、アリはケーキを巣に運べます。しかし、楽をするために、アリはより短いルートを探したくなるはずです。そこで、最初のルートが最短ということは通常ありえないので、アリは最初のルートから少し外れた冒険ルートを探そうとします。この冒険心の御蔭で、往復回を重ねるごとに、最短ルートの近くで「道しるべフェロモン」の匂いは次第に濃くなることになります。結果として、強い匂いの方向に進めば、アリは最短ルートをたどることになるのです。

巣とケーキを往復するうちに、アリの付けた匂いが最短ルートで最強になる。

7章 Q学習

このように、「冒険心を持ちながら強い匂いの方向に進み、進みながら匂いを濃く書き換えていく」と仮定すると、往復を繰り返すうちに、アリは匂いの情報から最短ルートを歩くようになります。このアリの最短ルート探索のしくみを理想化したのが**Q学習**です。

▶機械学習と強化学習

強化学習は1980年頃から研究が盛んになってきました。現在話題のディープラーニングよりも先輩です。原理的には、ディープラーニングとは世界が異なります。下図で位置づけを見てみましょう。

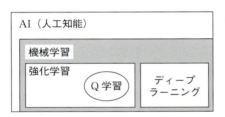

AIにおけるQ学習の位置

Q学習はディープラーニングと融合し、さらに力を発揮します。碁や将棋で有力な棋士を圧倒したのも、この融合のもたらした結果です。この融合モデルがDQN（Deep Q Network）です。これについては次章で調べます。

> **MEMO** Q学習と Bellman 最適方程式
>
> 人はある状態にいるとき、どのような行動をとるのが一番有益かを考えます。強化学習の基本もそこにあります。例えばロボットの学習を考えてみましょう。ロボットがある状態にあるとき、どのような行動をとるのが最も有益かを学ぶような学習アルゴリズムを作成するのです。このとき、「有益」という言葉は「価値」という言葉で表されます。現在、その価値の教え方として様々な方法が考え出されています。Q学習もその1つです。そして、この価値の満たすべき方程式は **Bellman 最適方程式**としてまとめられています。

§2 Q学習のアルゴリズム

強化学習の代表例であるQ学習はわかりやすく、プログラミングも容易です。本節では、前節で調べたアリの動きを用いて話を進めましょう。

▶Q学習を具体例で理解

アリは歩きながら「道しるべフェロモン」と呼ばれる匂いを道に付けます。その匂いを頼りに、アリは巣穴から目的地までを往復できるのです。この匂いに導かれるアリの振る舞いは、Q学習を理解するうえで大変参考になります。そこで、このアナロジーを用いて、Q学習のしくみを調べましょう。具体的には、次の例題を考えます。

> **例題** 正方形の壁の中に仕切られた8個の部屋が右図のようにあります。部屋と部屋の仕切りには穴があり、アリは自由に通り抜けられるとします。左上の部屋に巣があり、右下の部屋に報酬となるケーキがあります。アリが巣からケーキに行く最短経路探索の学習にQ学習を適用しましょう（右側中央の部屋には入れません）。
>
>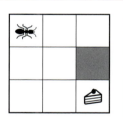

注 匂いは部屋の仕切りを通り抜けないとします。また、アリは記憶力をまったく持たないことを仮定します。

▶アリから学ぶQ学習の言葉

まずQ学習で利用される言葉を調べましょう。

例題 で調べるアリを、一般的に**エージェント**（agent）といい、アリの活躍する部屋全体を、一般的に**環境**と呼びます。また、アリは1つの部屋から隣の他の部屋に移りますが、この移る動作を**アクション**（action）と呼びます。アクションは、単純に**行動**とも呼ばれます。そして、目的地にあるケーキに与えられた数値を**報酬**（reward）といいます。

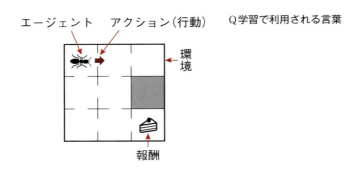

Q学習で利用される言葉

さて、例題 で規定する環境の下で、異なる様子が8個あります（下図）。この異なる8つの様子を、一般的に**状態**（state）と呼びます。以下では、次のように状態の名称を定義しましょう。「状態1」はアリが巣にいる状態です。「状態9」はアリが目的地に到着した状態です。

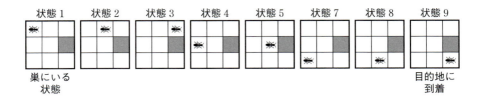

注 状態6は欠番ですが、プログラミング上、ダミーとして確保しています。

後の説明のしやすさのために、部屋には次の名称を付けることにします。

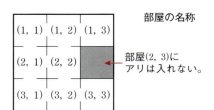

部屋の名称

部屋(2, 3)にアリは入れない。

i行j列にある部屋を部屋(i, j)と表現する。

すると、i行j列にある「部屋(i, j)」と「状態番号s」は次の関係を持ちます。

$$s = 3(i-1)+j$$

注 状態とアリのいる部屋に「1対1」の対応があるので、この関係が成立します。

アリは左上の巣のある部屋$(1, 1)$からケーキのある部屋を(最短で)探しに行くことになります。その最初の部屋$(1, 1)$にアリがいる状態を最初の**ステップ**(すなわちステップ1番)と呼ぶことにします。そして、部屋を移動するたびにステップの番号を更新することにします。

例1 次の図は、状態1から4つの連続するアクション(右、下、下、右)で最終目標の状態9に達した場合を示しています。状態を変えるたびにステップ番号が更新されます。

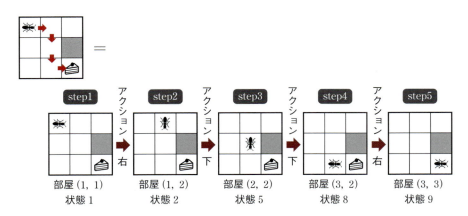

本書ではステップ番号を「変数t」で表すことにします。

注 tはtimeの頭文字。段階(step)を時系列として捉えています。

7章　Q学習

　この 例1 では、アリは部屋(1, 1)から目標の部屋(3, 3)に4回のアクション（5つのステップ）で到着できています。しかし、ときには決められた回数では到着できないときもあります。この到着の成否は別として、学習の一区切りのことを**エピソード**といいます。例1 は1つのエピソードを示しています。

▶ Q値

　Q学習を式で表現するときに不可欠な値が**Q値**です。Q値とは「状態s」と「アクションa」によって決められる値です。すなわち、数学的に次のような多変数関数の形をしています。

$$\text{Q値} = Q(s, a) \quad \cdots \boxed{1}$$

　ここで、変数sはstate（状態）、aはaction（アクション）の頭文字です。
　さて、このQ値とは何でしょうか。
　例題 のアリの場合、Q値とはアリを誘惑する匂いの強さです。「アリは道しるべフェロモン」の匂いを目安とし、進む道を探します。また、目的地にあるケーキの匂いにも誘惑されます。この匂いの強さがQ値の本質です。匂いの強さの大小、すなわちQ値の大小がアリの行動を決定するのです。

　アリにとって、Q値とは誘惑される匂いの強さのこと。アリはこの匂いの強さを手掛かりに、道を探す。また、その匂いの強さを更新もする。

　一般的に、Q値は「行動の価値」と表現されます。「価値」とは難しい言葉ですが、簡単に言えば、その状態でそのアクションを選択したときに期待される「魅力度」、別の言葉でいうと「報酬」のことです。アリは匂いで示された報酬を求めてアクション（行動）を選択するのです。

▶Q値が書かれる具体的な場所

例題 において、アリのアクションとは部屋の出口を選択し、そこから部屋を移動することです。そこで、状態sにおけるQ値は図のように最大4つの出口に配置されることになります。

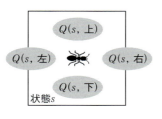

アリは「魅力度」、すなわち「報酬」を表すQ値の大きな出口を探してアクションを選択するはず。したがって、Q値は部屋の(最大)4か所の出口に書かれている必要がある。

状態sのとき、アリは最大4つのアクション(上、下、左、右)を選択できます。そこで、Q値は関数として次のように表現できます。

$Q(s,\ 右)$、$Q(s,\ 上)$、$Q(s,\ 左)$、$Q(s,\ 下)$

注 状態によって、アクションは制限されます。例えば$s=1$のとき、アクションは右と下の2つしかありません。

アリは原則として匂いの強い(すなわちQ値の大きい)値を目指してアクションを選択することになります。そこで、例えば次図の場合、アリは「下」のアクションを採用することを原則とします。

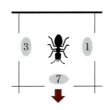

学習が済んでいるとき、アリはQ値の大きいアクション「下」を選択する。

▶Q値の表とアリとの対応

式1に示すように、Q値は多変数関数として表されます。その多変数関数のイメージは表形式（すなわちテーブル）です。Q値の場合、表側が「状態」、表頭が「アクション」を表します。このように、Q値を表形式のイメージで理解しておくことは、Q学習の理解に大切です。また、後に調べるDQNを理解する上でも大切になります。

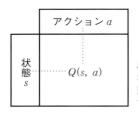

s、aが離散的な値をとるとき、多変数関数は表（すなわちテーブル）として表現できる。いまの例では、行動（アクション）aとして上、下、左、右の4種が存在する。状態sは1、2、3、4、5、7、8、9の8種。

いま考えている 例題 でこの表の意味を確認しましょう。下図は状態2の場合において、アクションとそれに対するQ値を例示しています。

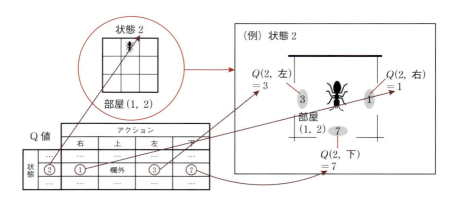

▶ 即時報酬

アリが目的の部屋への最短ルートを探しに行くとき、今いる部屋の隣に好物が落ちているかもしれません。アリは当然これを考慮してアクションを決定するはずです。このように、「隣の部屋に入る」という1アクションですぐに得られる「報酬」を**即時報酬**といいます。

注 即時報酬は負も可です。アリにとって不快に匂うものが部屋にある場合などです。

アリは即時報酬だけに魅了されてアクションを決定してはいけません。それでは目的地に到着できないからです。Q学習のアルゴリズムは、即時報酬だけにとらわれず、目標を目指すように作成しなければならないのです。

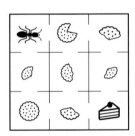

目的地の部屋に行く途中の部屋にクッキーの小片が落ちているとする。このクッキーもアリの好物。アリが目的の部屋にたどり着けるようにするには、このクッキーに惑わされないようなアルゴリズムをつくる必要がある。

▶ Q学習の数式で用いられる記号の意味

本書のQ学習で用いる記号の意味を表にしてまとめておきます。

〔表1〕

変数名	意味	アリの例
t	ステップ番号を表す変数	ステップ3のとき、$t=3$
s_t	ステップtにおける状態を表す変数	ステップ3の状態が5のとき、$s_3=5$
a_t	ステップtで選択するアクションを表す変数	ステップ3で選択したアクションが「右」のとき、$a_3=$「右」
r_t	ステップtにおいて、その場で受け取る即時報酬	ステップ3において、その場で受け取る即時報酬が10のとき、$r_3=10$

7章 Q学習

例2 先の **例1** で調べた様子を、ここで定義した記号で表現しましょう。ただし、部屋(2, 2)には新たにクッキー（即時報酬の値2.71）が置かれ、目的地の部屋(3, 3)にはケーキ（報酬の値100）があるとします。

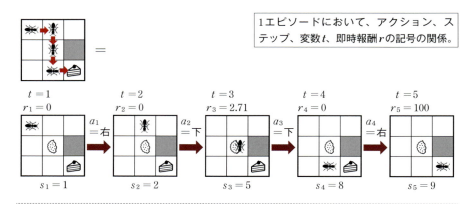

1エピソードにおいて、アクション、ステップ、変数t、即時報酬rの記号の関係。

▶ Q値の更新

アリは部屋を出るとき、その部屋の出口の匂いの強さ（すなわちQ値）を更新する必要があります。匂い情報を更新して、再訪時に最短の道を探しやすくするためです。

では、どのように更新するのでしょうか。

アリが「元の部屋」Xから「次の部屋」Yに進んだとします。このとき、Yに通じるXの出口に残すべき情報は、「次の部屋」Yに進んだときに得られる匂いの強さ（すなわちQ値）です。こうしておけば、部屋Xを再訪したとき、部屋Yについての的確な判断情報が得られるからです。部屋X再訪時に、Yに通じる出口情報を見るだけで、アリは部屋Yに行く「魅力度」（すなわち「価値」）がわかるわけです。

§2 Q学習のアルゴリズム

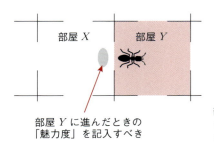

部屋 Y に進んだときの「**魅力度**」を記入すべき

部屋 X から部屋 Y に進むとき、部屋 X の出口に残すべき情報は部屋 Y の「**魅力度**」。

もう少し詳しく調べてみましょう。

「次の部屋」Y に通じる「元の部屋」X の出口に記された匂いの強さ（Q値）を x とします。また、これから進む部屋 Y の4つの出口の匂いの強さ（=Q値）を a、b、c、d とします。

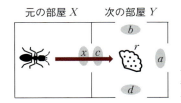

匂いの強さ x、a、b、c、d の位置関係。これらは部屋の出入口の足元に書かれている。部屋 Y には匂い r を放つ好物＝クッキーも置かれている。

注 部屋 Y に4つの出口があるとします。状況に応じて適当に略してください。

アリの気持ちになれば、次の部屋 Y の「魅力度」は a、b、c、d の最大値で決まるはずです。部屋 Y に入れば、その最大値が得られると期待されるからです。最大値（maximum）を表す記号 max を用いると、このことは次のように表現できます。

$$x に設定する部屋 Y の「魅力度」 = \max(a, b, c, d)$$

ところで、この魅力度を鵜呑みにするのは危険です。たとえば、匂いは時間とともに揮発し、減衰してしまうかもしれません。後から来るときには変化している可能性があるのです。そこで、多少割り引いた値を書き残さなければならないでしょう。その**割引率**を γ とすると、「次の部屋」に行く魅力度は、現実には次の値になるはずです。

7章　Q学習

xに設定する部屋Yの「魅力度」$= \gamma \max(a, b, c, d)$　$(0 < \gamma < 1)$

注 γはギリシャ文字で「ガンマ」と読みます。γとr（ローマ字のアール）は区別しにくいのですが、多くの文献で採用されているので、本書でも慣例に従います。

また、これから進む部屋にはアリの好きなクッキー（すなわち即時報酬）が置かれていることもあります（前ページの下図）。このクッキーの匂いも魅力度に貢献します。そのクッキーの匂いの強さをrとすると、「次の部屋」に行く魅力度はさらに次のような式に変形されます。

xに設定する部屋Yの「魅力度」$= r + \gamma \max(a, b, c, d)$　…　2

▶学習率

アリにとってアクションを決める「魅力度」とは匂いの強さ（すなわちQ値）です。これまで「魅力度」と表現したことは、再びこの「匂いの強さ」と置き換えます。すなわち、上の式2は次のように表現されます。

「次の部屋」の匂いの強さ$= r + \gamma \max(a, b, c, d)$　…　3

注 本書では、この式3の値を「期待報酬」と呼びます。その部屋に入ると手に入るであろうと思われる魅力度だからです。

ところで、上の図において、この式3の「匂いの強さ」を「元の部屋」の出口情報xの更新情報としてそのまま採用してよいでしょうか。答はNoです。「次の部屋」Yに正しい匂い情報が記録されている保証はないからです。アリの学習が完了していなければ、この式3の値を100%信じることはできないのです。

そこで、学習の進み具合として**学習率**αを導入しましょう（$0 < \alpha < 1$）。そして、以前の情報xと、新たに求めた値3とを次のように混ぜ合わせて更新値xとします。

$x \leftarrow (1-\alpha)x + \alpha\{r + \gamma \max(a, b, c, d)\}$　…　4

変形すると、次のようにも表現できます。

$$x \leftarrow x + \alpha\{r + \gamma \max(a, b, c, d) - x\} \cdots \boxed{5}$$

ここで、左辺の x が更新値、右辺の x は更新前の値です。

注 α はモデル設計者が与えます。

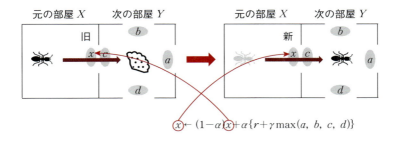

式 $\boxed{4}$ は数学では「内分の公式」として有名です。図で表すと、次のようになります。

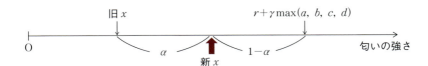

この図が示すように、元の部屋の旧情報 x と、これから進む次の部屋の新情報 $r + \gamma \max(a, b, c, d)$ を、式 $\boxed{4}$ は秤にかけているのです。

例3 アリが部屋 (1, 1) から部屋 (1, 2) に進むとします。各部屋には次ページの図右のように匂いの強さ（＝Q値）が記されているとしましょう。アリが隣の部屋 (1, 2) に進むとき、元の部屋 (1, 1) の匂いの強さ5は、式 $\boxed{4}$ から次のように更新されます。

更新値 $= (1-\alpha) \times 5 + \alpha(4 + \gamma \times 7)$

7章 Q学習

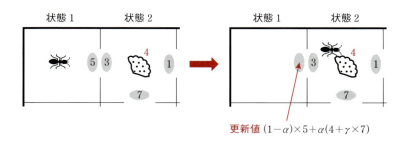

更新値 $(1-\alpha) \times 5 + \alpha(4 + \gamma \times 7)$

▶Q学習の記号で再表現

以上で得られた結論の式 4 (すなわち 5)を、Q学習で利用される記号〔表1〕で表現してみましょう。これまで用いてきた x はQ値として、次のように表せます。

$$x = Q(s_t, a_t)$$

そこで、結論式 5 は次のように表現できます。

$$Q(s_t, a_t) \leftarrow Q(s_t, a_t) + \alpha\left(\gamma_{t+1} + \gamma \max_{a_{t+1} \in A(s_{t+1})} Q(s_{t+1}, a_{t+1}) - Q(s_t, a_t)\right) \cdots \boxed{6}$$

この式 6 がQ学習の公式となります。この左辺の値は、アリが再訪したときに観測できる値です。その意味で左辺の値を**遅延報酬**と呼びます。遅延報酬を計算することがQ学習の原理となるわけです。

注 $a_{t+1} \in A(s_{t+1})$ は数学の集合論の記号です。$A(s_{t+1})$ はエージェントが状態 s_{t+1} にあるとき選択できるアクションの集合を表します。そこで、$a_{t+1} \in A(s_{t+1})$ は「a_{t+1} がそのアクションの集合 A の要素である」ことを示しています。

§2 Q学習のアルゴリズム

$$Q(s_t, a_t) + \alpha\left(\gamma_{t+1} + \gamma \max_{a_{t+1} \in A(s_{t+1})} Q(s_{t+1}, a_{t+1}) - Q(s_t, a_t)\right)$$

式6の各項の意味。この例では、$a_t = 1$（すなわち右移動）と仮定。

ちなみに、式6の右辺( )の中の次式を「期待報酬」と呼ぶことは、先に調べました。

$$期待報酬 = \gamma_{t+1} + \gamma \max_{a_{t+1} \in A(s_{t+1})} Q(s_{t+1}, a_{t+1}) \cdots \boxed{7}$$

▶ε-greedy法でアリに冒険させる

人は同じような学習を続けていると、いつかスランプに陥り、目的地に達せられないことがよくあります。

これはアリの経路学習についても同じです。現在の匂いの強さだけを頼りに進むべき部屋を選んでいると、迷路にはまり、アリは永遠に目的地にたどり着けないこともあるのです。そこで、これを回避し目的地にたどり着くようにするには、匂い情報だけに頼るのではなく、新しい道を探す冒険心が必要になります。この冒険心を取り入れる方法で有名なのがε-greedy法です。ときには冒険的になり、匂いの強さにかかわらず別の方向の部屋に進むことも許す方法です。

確率的にこの気まぐれを取り入れれば、新たな道を探せるチャンスが生まれます。この冒険的の確率をεで表します。確率εの割合で、勝手なアクションを許すわけです（$0 < \varepsilon < 1$）。

注 εはギリシャ文字で、イプシロンと読まれます。ローマ字のeに対応します。

7章 Q学習

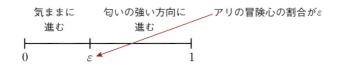

Q学習では、匂いの強さの大きい、すなわちQ値の大きいアクションを選択することを **exploit**（利用し尽くす）、冒険的にアクションを選択することを **explore**（探検する）と英語で表現しています。

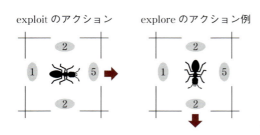

この図のように匂いの強さが記されているとする。この場合、左の図がexploit、右の図がexploreの行動例。

ちなみに、exploit的な行動を **グリーディ**（greedy（欲張りな））と表現します。

さて、ε-greedy法では、冒険の確率εが固定されています。そのεを、最初は大きく、学習が進むにつれて次第に小さくすると、学習の速さは向上することが知られています。この工夫を取り入れたのが **修正ε-greedy法** です。

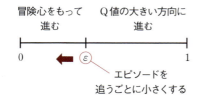

アリの冒険心の割合がε。成功したエピソードが増えるにつれ、すなわち学習が進むにつれ、このεの値を次第に小さくするのが修正ε-greedy法。

この考え方は日常の経験にマッチします。何かを学ぶとき、最初はやみくもに努力しますが、学習が進むにつれてコツがわかり、次第に定型的な学習になります。この経験を取り入れるのです。

通常、Q値の初期値は不明なので、学習の初めには適当に値を割り振っておくのが一般的です。そこで、修正ε-greedy法では、Q学習の最初でεを1に設定しておくとよいでしょう。学習が進むにつれ、冒険をする必要が少なくなってきたなら、εを0に近づけます。

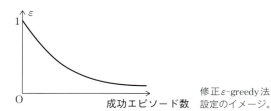

修正ε-greedy法におけるεの設定のイメージ。

▶学習の終了条件

学習が終了したと判断される条件は、Q値が学習によって一定値に収束することです。それは人の学習と同じです。いくら学習を積んでも成績が変わらなくなれば、その学習を打ち切ることになるでしょう。

Q値が収束するということは、Q値が学習によって変わらなくなることです。式 6 でそれを見ると、次のように表現できます。

$$\gamma_{t+1} + \gamma \max_{a_{t+1} \in A(s_{t+1})} Q(s_{t+1}, a_{t+1}) - Q(s_t, a_t) \to 0 \cdots \boxed{8}$$

すなわち、学習の終了条件は次のように表現できます。

$$\gamma_{t+1} + \gamma \max_{a_{t+1} \in A(s_{t+1})} Q(s_{t+1}, a_{t+1}) \to Q(s_t, a_t) \cdots \boxed{9}$$

式 9 の左辺を「期待報酬」と呼びました（式 7 ）。現在のQ値と期待報酬が同じになれば飽和状態であり、それ以上は学習の必要はないということを、式 9 は意味しているわけです。

さて、学習が終了したと判断された場合、explore的アクションは不要になります。行動は「Q値の大きいアクションを選択する」というexploit的（すなわちグリーディな処理）に徹すればよいわけです。

7章　Q学習

§3　Q学習をExcelで体験

　これまでに調べてきたQ学習をExcelのワークシートで実現してみましょう。前節で用いた例題を具体例とします。Q学習で実演するには簡単すぎますが、しくみを理解するには最適です。

> 演習　▶§2で調べた例題について、ExcelでQ学習を実行してみましょう。なお、目的地の部屋に到着したとき、その報酬値は100とします。また、各部屋の即時報酬は−1とします。

注　本節のワークシートは、ダウンロードサイト（▶244ページ）に掲載されたファイル「7.xlsx」にあります。

▶ワークシート作成上の留意点

　ワークシートに実装する際の注意点を調べます。

■（ⅰ）アリとケーキの表現

　表記の簡略化のために、アリの表現には★を用い、目的地にあるケーキは「終」と表記します。

■（ⅱ）アクションコード

　アクションについては、コード化しておくと便利なときもあります。そこで、「アクションコード」として、次のように約束しておきます。

移動	右	上	左	下
アクションコード	1	2	3	4

アクションコード

注　コードは左回転（数学の正の向き）の順に付けられています。

■(ⅲ) 最大ステップ数・最大エピソード数

簡単な例なので、1エピソード中の最大ステップ数は10とします。そして、10回ステップを繰り返して目的地に到着しない場合は、そのエピソードは無視することにします。

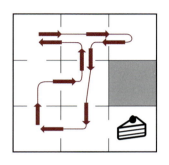

10回のステップを処理しても、目的地にたどり着かない例。このような場合には、そのエピソードは無視。

実験するエピソード数は50回とします。単純な 演習 なので、これくらい繰り返せば、十分学習が進むことが期待されるからです。

■(ⅳ) 修正ε-greedy法のεの値

本書では修正ε-greedy法を用いることにします（▶§2）。ここでは、εを次のように可変にします。分母の50は最大エピソード数のことです。

$$\varepsilon = 1 - \frac{到着エピソード数}{50} \quad \cdots \boxed{1}$$

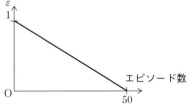

式 4 のグラフ。最初のエピソードでは、全ステップがexploreのアクションとなる。最後のエピソードでは、ほぼexploitのアクションになる。

■（ⅴ）割引率と学習率の設定

割引率γは0.7、学習率αは0.5としました。通常、割引率γは0.9以上、学習率αは0.1程度に設定しますが、本演習は単純であり、収束を早くさせたいので、この値を利用します。

▶ExcelでQ学習

以上で準備が整いました。実際にワークシートでQ学習を、段階を追いながら実行してみましょう。

① Q学習のための全体のパラメーターを設定します。

▶§2で調べた「割引率」、「学習率」を設定します。これらの値は設計者が適当に決めます。また、アリが目標の部屋に到着したとき、報酬は100とします。本ワークシートを改変しやすいように、即時報酬を定義できる欄も用意しています。

なお、各部屋の即時報酬を−1としたのは、長い経路にペナルティーを課しダラダラ探すのを排除するためです。

注 多くの文献では目的地の報酬を1にしますが、ここでは結果の数値の見やすさを優先します。

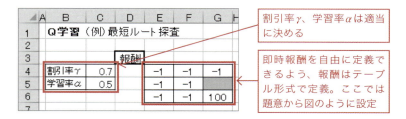

割引率γ、学習率αは適当に決める

即時報酬を自由に定義できるよう、報酬はテーブル形式で定義。ここでは題意から図のように設定

② 該当エピソードで利用する修正ε-greedy法のεを決定します。

修正ε-greedy法を利用するときに必要な確率εの値を設定します（式1）。また、Q学習の大きな単位はエピソードなので、そのエピソードの処理結果をまとめます。

注 本書では、印刷の都合上、到達しない場合はカットしています。

§3 Q学習をExcelで体験

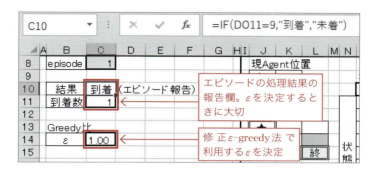

③ 該当ステップのアリの状態とそのときのQ値の表を設定します。

現ステップにおけるアリ（Agent）の状態を確認します。また、学習の開始時（すなわち最初のエピソードの最初のステップ）では、現Q値の表を乱数を用いて作成します。

注 エピソードの最初のステップでは、アリは部屋(1, 1)（= 状態1）にいます。

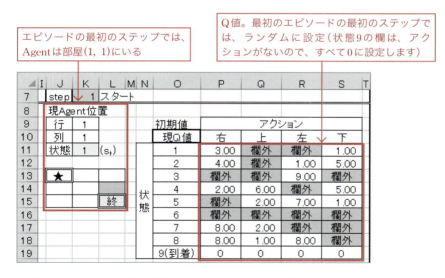

該当エピソードの2番目以降の新ステップでは、前のステップで求められている「次Agent位置」と「次状態」を、「現Agent位置」と「状態」にセットします。また、前のステップで更新した「新Q値」の表を、新ステップの「現Q値」の表にコピーします。

7章　Q学習

> **MEMO** **1ステップQ学習**
>
> 　Q学習にも様々なバリエーションがあります。本書で採用した方法は**1ステップQ学習**と呼ばれる方法です。次ステップ$t+1$の期待報酬値を計算し、すぐに元ステップtのQ値の更新を行います。
>
> 　これとは別に、アクションを一連の時系列動作として捉え、過去にさかのぼってQ値の更新をいっきに行う方法も有名です。

§3 Q学習をExcelで体験

2番目以降のエピソードの最初のステップの「現Q値」の表には、前のエピソードの最後のステップ（ステップ10）で求められている「新Q値」の表を採用します。

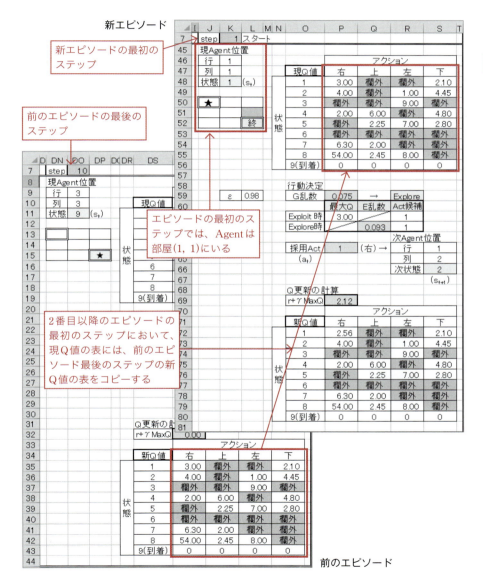

7章 Q学習

④ 採用するアクションがexploitか、exploreかを判断し、Agentの次の位置と状態を求めます。

ε-greedy法では、冒険的なアクション（explore）をとるか否かは0〜1の乱数とεとの大小で判断します。

乱数がεより大きいときには、exploitのアクションを採用します。このとき、現Q値の表の該当状態で、最大のQ値を持つアクション（「上」「下」「左」「右」の移動）を採用します。

乱数がεより小さいときには、冒険的なアクション（explore）をとります。このとき、再度乱数を発生させ、その乱数の大きさに応じて次のアクション（「上」「下」「左」「右」の移動）を選択します。

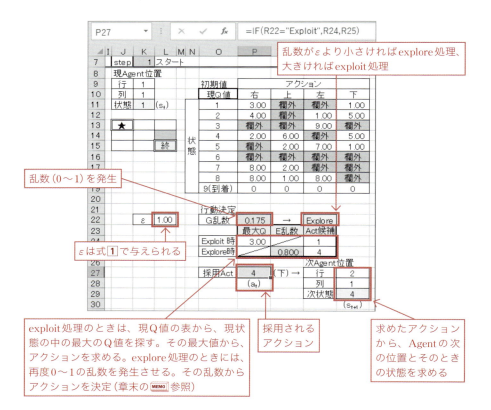

⑤ **Agentが得られる期待報酬値を算出します。**

④で得られた次の状態から、現Q値の表を用いて、期待報酬値(▶§2式7)を算出します。ちなみに、この 演習 では、即時報酬の値 r_{t+1} は -1 としています($t+1$番目のステップで目的地に到着しない場合)。

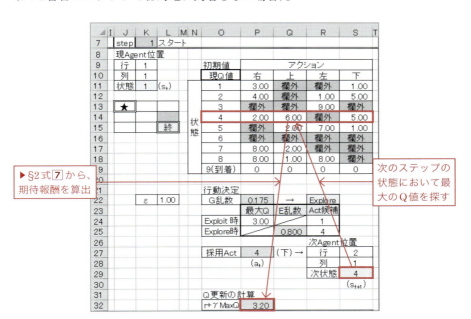

注 期待報酬はr+γMaxQと表示しています。

MEMO 値のコピーにも配列数式が便利

Q学習ではステップを進めるごとに、前のステップで更新したQ値の表を次のステップのQ値の表にコピーする必要があります。この際に便利なのが配列数式の方法です。一気にコピーできるとともに、コピーミスがなくなります。

---

⑥ **Q値を更新します。**

⑤で求めた「期待報酬」を、新Q値の表の該当欄の更新値とします。それには、更新式(▶§2式6)を利用します。

7章　Q学習

(図：Excelワークシートによる Q学習の1ステップの計算例。数式バーに `=S11+$C$5*IF(AND(O35=K11,P27=4),P32-S11,0)` が表示されている。「現状態において、採用したアクションに対応するQ値の値を更新する」「更新式▶§2⑧を利用」という注釈付き。)

以上でQ学習の1ステップとその流れは完成です。

ここで調べた1ステップのモジュールを10個分右にコピーし、1エピソード分を作成します（10は1エピソードの中の最大ステップ数）。さらにそれを50エピソード分コピーします（50はここで調べる学習回数です）。こうして、Q学習のワークシートが完成します。

⑦ **以上の学習で得られたQ値を利用して、学習したアリがどのように行動するか調べてみましょう。**

得られた最終のQ値の表を見てみましょう。

	Q値	アクション 右	上	左	下
状態	1	31.96	欄外	欄外	32.11
	2	10.41	欄外	18.46	47.30
	3	欄外	欄外	26.90	欄外
	4	47.30	20.52	欄外	47.29
	5	欄外	31.81	21.62	69.00
	6	欄外	欄外	欄外	欄外
	7	69.00	24.85	欄外	欄外
	8	100.00	46.43	47.29	欄外
	9(到着)	0	0	0	0

部屋(1, 1)から出たアリ（すなわちAgent）は、このQ値の表に従って行動します。すなわち、「状態」が与えられたとき、この表の行に書かれた最大Q値に対応するアクションを選びながら行動します。このルールに従って、実際にアリに行動してもらいましょう（下図）。

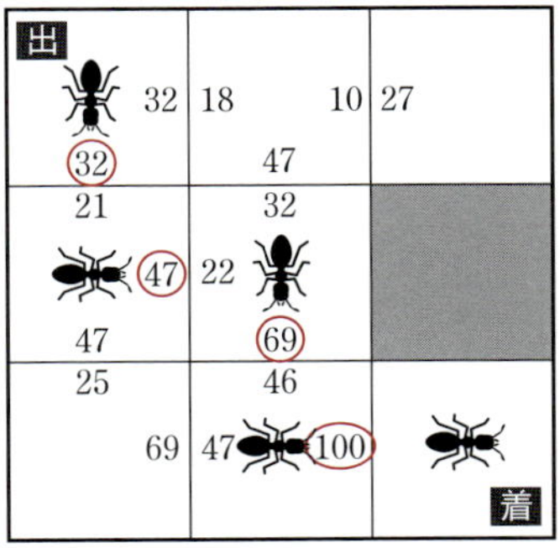

注 上記Q値について、小数部を四捨五入しているので、一部大小が不明の部屋があります。

Q学習の甲斐あって、最短ルートで目的地に到着しています。

以上の例は簡単なもので、エピソード回数は50と小さい数で済みました。実用上は、このような数では収まり切れないことに留意してください。

MEMO　exploreのアクションに確率を割り当てる方法

「exploit」の行動を選択すると、アクションを確率的に選択することになります。このとき、迷路や経路の問題では、選択に条件が付けられます。本節の例でいうと、たとえばある部屋では右に行けず、またある部屋では下には行けません。このとき、確率をアクションに簡単に割り当てるには、下図のような確率表を用意するとよいでしょう。この表とMTACH関数とを組み合わせることで、explore処理のアクションが選択できます。

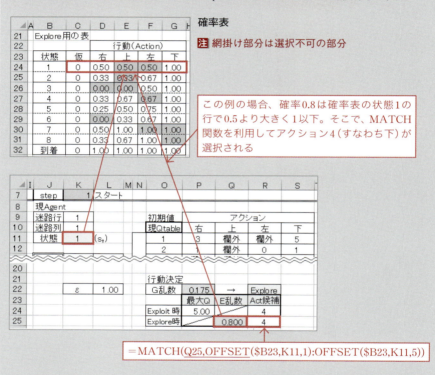

8章
DQN

Q学習で用いられるQ値をニューラルネットワークで表現しようとする技法がDQNです。ニューラルネットワークには複雑な関数や表を整理してくれる性質があります。それをQ学習の結果の表現に応用するのです。

8章 DQN

§1 DQNの考え方

　AI（人工知能）を実現する1つの手法が「機械学習」であり、その代表の1つとして**強化学習**があります。前章で調べた**Q学習**はその強化学習の中で最も有名な学習法です。本章では、このQ学習の世界にニューラルネットワーク（以下NNと略記）を応用してみます。

注 本書ではNNという言葉にディープラーニングを含めています。

▶DQNのしくみ

　ニューラルネットワークは、入力情報から特徴を抽出し整理して、必要な情報を出力するという性質があります。画像データから、「猫」を判別できるのも、NNの持つこの能力のおかげです。この能力をQ学習に活かすのがDQNです。**DQN**は **Deep Q-Network** の略です。

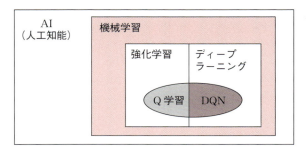

AIにおけるDQN学習の位置

　では、どうしてQ学習にNNの助けが必要なのでしょうか？理由はQ値の複雑さにあります。Q学習で利用するQ値は状態sとアクションaから構成されます。実用的なQ学習の場合、その状態sとアクションaの数は膨大であり、簡単な表のイメージには収まりきれなくなるのです。

§1 DQNの考え方

前章（▶7章）の例で考えてみましょう。そこで扱った例題では、「状態」の数は8個でした。その状態に対するアクションの数もたかだか4種でした。したがって、表でQ値を表現できました。

	Q値	アクション			
		右	上	左	下
状態	1	31.96	欄外	欄外	32.11
	2	10.41	欄外	18.46	47.30
	3	欄外	欄外	26.90	欄外
	4	47.30	20.52	欄外	47.29
	5	欄外	31.81	21.62	69.00
	6	欄外	欄外	欄外	欄外
	7	69.00	24.85	欄外	欄外
	8	100.00	46.43	47.29	欄外
	9(到着)	0	0	0	0

7章の例題の結論。Q値はテーブル（すなわち表）で表現されている。

もし環境が複雑で「状態」と「アクション」の数が莫大になったときにはどうすればよいでしょう。Q値を表すテーブルは非常に複雑になり、前章で調べた技法は実用的ではなくなります。

このとき役立つのがNNの整理能力です。この能力をQ学習と組み合わせれば、複雑なQ値の表現を可能にしてくれるのです。

例えば、テレビゲームで考えてみましょう。

キャラクターが活躍するテレビゲームでは、「状態」は目まぐるしく変わり、その中で動くキャラクターの「アクション」は複雑です。ここにQ学習をそのまま適用しようとすると、Q値を関数の式やテーブルで表現するのは実質的に不可能になります。そこでNNの登場です。

NNはこのテレビゲームの複雑な状態・アクションから「特徴抽出」を行い、情報を整理してくれます。複雑なテレビゲームを制覇するDQNの秘密はここにあります。

8章 DQN

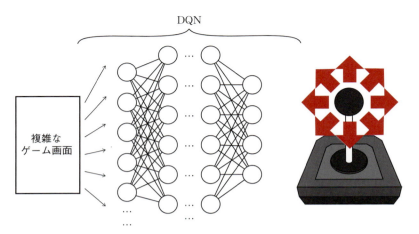

DQNを実装したゲーム対戦プログラムは最強。

§2 DQNのアルゴリズム

▶7章と同じ 例題 （下記再掲）を用いて、具体的にDQNのアルゴリズムを調べてみましょう。

▶アリから学ぶDQN

例題　正方形の壁の中に仕切られた8個の部屋が右図のようにあります。部屋と部屋の仕切りには穴があり、アリは自由に通り抜けられるとします。左上の部屋に巣があり、右下の部屋に報酬となるケーキがあります。アリが巣からケーキに行く最短経路探索の学習にDQNを適用してみましょう。（右側中央の部屋には入れません。）

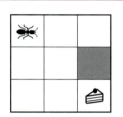

注 ▶7章 例題 と同じ条件が成立すると仮定します。

この例題において、アリの動きとQ値の計算式は、▶7章とまったく同じです。異なる点は、学習結果の記録法です。

8章 DQN

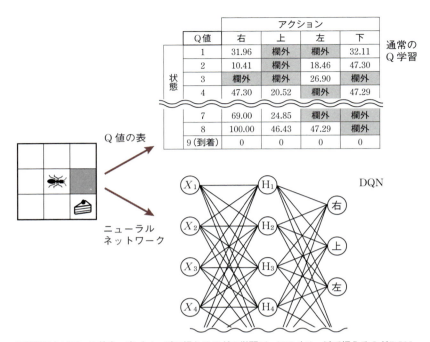

Q学習において、Q値を、表イメージで捉えるのがQ学習で、NNイメージで捉えるのがDQNです。

前章のQ学習では、学習結果がQ値の表に保存されました。DQNは学習結果をNNに保存します。

▶DQNの入出力

Q学習の方針はQ値を状態sとアクションaの関数$Q(s, a)$で表現することです。イメージ的にいうと、状態を表側に持ち、アクションを表頭に持つQ値のテーブルを作成することです。そこで、DQNのためのNNは、「状態」が入力になり、「アクション」が出力となります。

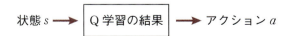

§2　DQNのアルゴリズム

次の図は、この 例題 に対するDQNの一例です。入力は7つの状態、出力は上下左右への移動という4つのアクションが対応します。

注 ▶7章の 例題 では8つの状態を調べましたが、目的地に到着した状態9のアクションは必要ないので、実際に調べる状態は7つになります。

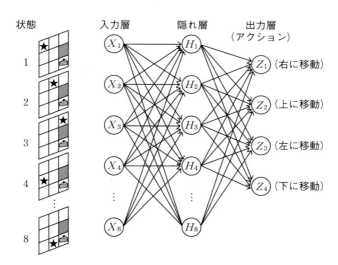

入力層には「状態」が入力されます。状態 s が i のとき、入力層ユニット X_i には1が、他のユニット X_j に($j \neq i$)には0が入ります。

例1　状態1を入力層に入力する際には、X_1 に1を、他のユニット X_j に($j \neq 1$)には0を入力します。

注 このような表現を One hot エンコーディング ということを▶6章で調べました。

隠れ層については一般的な制限はありません。ここがDQN設計者の腕の見せ所となるわけです。

出力層ではQ値が出力されます。状態 s の入力に対して、Q値となる $Q(s, a)$ が出力されるのです。

例2 状態sの入力に対するユニットZ_1の出力$= Q(s, 右)$

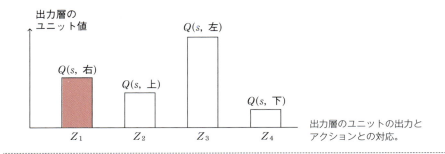

出力層のユニットの出力とアクションとの対応。

これまでの章では、出力層ユニットZ_kの出力値はz_kと表記しました。しかし、以上のことから、本章ではQ学習の表記をそのまま用いることにします。具体的にいうと、状態sが入力層に入力されたときの出力層ユニットZ_kの出力値は$Q(s, k)$と表記することにします。特にニューラルネットワークの出力であることを意識する際には$Q_N(s, k)$とも表記します。

▶DQNの目的関数

▶5章で調べたように、NNを決定するには、それを規定するパラメーター（すなわち重みと閾値）を決定しなければなりません。その決定原理は、訓練データにある正解ラベルとNNが出力する予測値との「誤差」の全体を最小にすることです。それはDQNにおいても同じです。そこで、その「誤差」の表現について考えてみましょう。

最初に、Q値を表す関数$Q(s, a)$の更新式を見てみます（▶7章§2式 6 ）。

$$Q(s_t, a_t) \leftarrow Q(s_t, a_t) + \alpha \left(r_{t+1} + \gamma \max_{a_{t+1} \in A(s_{t+1})} Q(s_{t+1}, a_{t+1}) - Q(s_t, a_t) \right) \cdots \boxed{1}$$

この式からQ学習の終了条件は次の式で表されます（▶7章§2式 8 ）。

$$r_{t+1} + \gamma \max_{a_{t+1} \in A(s_{t+1})} Q(s_{t+1}, a_{t+1}) - Q(s_t, a_t) \to 0 \cdots \boxed{2}$$

§2 DQNのアルゴリズム

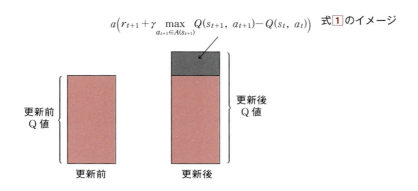

式1のイメージ

　学習が終了すれば、$Q(s, a)$の更新は不要になり、式1の（ ）内の式2は必然的に0になるからです。このことから、真のQ値と学習途中のQ値との差、すなわち学習済みQ値と現Q値との「誤差の目安」は次の式で表されることがわかります。

$$\text{「誤差の目安」} = r_{t+1} + \gamma \max_{a_{t+1} \in A(s_{t+1})} Q(s_{t+1}, a_{t+1}) - Q(s_t, a_t)$$

　これが0に近ければ、DQNのネットワークは学習をしっかり行っていることを示すわけです。
　そこで、この「誤差の目安」をDQNで用いる最適化のための「誤差」として利用しましょう。すなわち、DQNのニューラルネットワークを決定する際、最適化のための平方誤差eを次のように定義するのです（▶2章§1）。

$$\text{平方誤差} e = \left(r_{t+1} + \gamma \max_{a_{t+1} \in A(s_{t+1})} Q(s_{t+1}, a_{t+1}) - Q(s_t, a_t) \right)^2$$

　このeは「すべてをNNで表現できる」というメリットも有しています。
　目的関数Eは、Q学習全体におけるこの総和となります。

$$E = \left(r_{t+1} + \gamma \max_{a_{t+1} \in A(s_{t+1})} Q(s_{t+1}, a_{t+1}) - Q(s_t, a_t) \right)^2 \text{の総和} \cdots 3$$

　この目的関数Eを最小化することで、NNのパラメーター（すなわち重みと閾値）が決定されます。これがDQNの「最適化」の基本的なしくみです。

8章 DQN

§3 DQNをExcelで体験

前節(▶§2)で調べたアルゴリズムを、下記の具体例を利用して、Excelで確かめてみましょう。

> **演習** ▶§2で調べた 例題 を利用して、アリが巣からケーキに行く最短経路探索のQ学習に、DQNを適用してみましょう。

注 本節のワークシートは、ダウンロードサイト(▶244ページ)に掲載されたファイル「8.xlsx」にあります。

▶例題の確認

具体的な話に入る前に、▶7章で調べたQ学習の 例題 を復習します。まず、状態について考えます。Q学習のQ値は状態s、アクションaを用いて関数$Q(s, a)$と表せますが、この状態sとしては、次の7個を考えます。

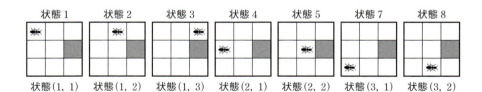

注 状態6は欠番ですが、プログラミング上、ダミーとして確保しています。

次に、アクションのコード化について下表で確認します（▶7章§3）。

移動	右	上	左	下
アクションコード	1	2	3	4

アクション a には部屋移動の上下左右の行動が対応しますが、漢字で書くのが煩わしいときには、このアクションコードを用いることにします。

ニューラルネットワークと活性化関数の仮定

NNとして、§2で例示した次のネットワークを仮定します。

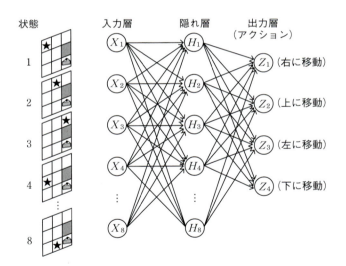

隠れ層には1層8個のユニットを仮定しましたが、この限りではありません。入力層のユニット $X_1 \sim X_8$ は順に状態 s_1, s_2, …, s_8 に対応するユニットです（X_6 は欠番）。また、出力層の Z_1, Z_2, Z_3, Z_4 は、アクションコード順に右、上、左、下に対応するユニットです。

NNで用いる活性化関数として、次の関数を用いることにします（▶5章§1）。

利用する層	関数	特徴
隠れ層	tanh関数：$y = \tanh(x)$	パラメーターに負を許容するときに有効。
出力層	ランプ関数：$y = \max(0,\ x)$	計算が高速。出力は0以上。

注 活性化関数としてはこの2つに限る必要はありません。ただし、出力層の出力は1を超えることも考えられるので、ここではシグモイド関数は利用しません。

DQNにおいて、これからやるべき作業は上記ニューラルネットワークの重みと閾値を決定することです。**例題**を追いながら段階を追って調べていくことにしましょう。

▶最適化ツールとしてソルバー利用

この**例題**の最適化において目的関数Eは次の通りです（▶§2式**3**）。

$$E = \left(r_{t+1} + \gamma \max_{a_{t+1} \in A(s_{t+1})} Q(s_{t+1},\ a_{t+1}) - Q(s_t,\ a_t)\right)^2 \text{の総和} \cdots \boxed{1}$$

本節では、これから先の最適化の計算をExcelに備えられた標準アドイン「ソルバー」に任せることにします。式**1**を見ればわかるように、最適化の計算は多少煩雑です。ソルバーを用いればその煩雑さがなくなり、DQNの本質がより明らかになります。

注 基本的には上記Eを目的関数として誤差逆伝播法を利用し、最適化が行えます。

さらに、多少「手抜き」を許していただきます。前章（▶7章）ですでに算出されている次の値（本書で「期待報酬」と呼ぶ値）を、式**1**の該当項に借用するのです。

$$\text{期待報酬：} r_{t+1} + \gamma \max_{a_{t+1} \in A(s_{t+1})} Q(s_{t+1},\ a_{t+1}) \cdots \boxed{2}$$

これを式**1**に当てはめれば、残りの$Q(s_t,\ a_t)$だけにNNを適用すればよくなります。このハイブリッドな方法でワークシートは大変簡潔になります。

ソルバーは1枚のワークシートでしか計算ができません。1枚のワークシートにDQNの処理全体を収めようとすると、書籍としての一覧性が失われてしまいます。それが、この「手抜き」の理由です。

注 マクロ（すなわちVBA）を使ってもDQNの処理は容易になりますが、「超入門」という本書の目的に反するので避けます。

さらに、Q値を表現するために利用するNNの出力を、ワークシート上では$Q_N(s, a)$と表記することにします。前章のQ値の関数値$Q(s, a)$と区別するためです。

注 Q_Nの添え字NはNeural Netwokの頭文字を意図するものです。

▶ ExcelでDQN

上記のように、式2の値は前章（▶7章）の結果を拝借します。そこで、式1から、やるべきことはNNで式2の値を表現することです。それには、次の操作を追いましょう。

① 7章Q学習の処理結果をまとめます。

前章（▶7章）**例題**のQ学習で得られた全エピソードの各ステップについて、得られた処理結果をまとめましょう。Q学習のワークシートから、すべてのエピソードのすべてのステップについて、状態s_t、アクションa_t、そして式2に示した次の「期待報酬」を取り出します。

$$r_{t+1} + \gamma \max_{a_{t+1} \in A(s_{t+1})} Q(s_{t+1}, a_{t+1})$$

注 この式の値はワークシートで「$r + \gamma \max Q$」と表現しています。

また、入力層の各ユニットには、対応する状態のときに1が、それ以外は0が入力されます（下記ワークシート参照）。

8章 DQN

▶7章で得たQ学習の処理結果を1行にまとめる

セル I15: `=IF($F15=I$14,1,0)`

DQNの実際（例）最短経路の学習

通番	episode	step	状態 s_t	Action a_t	r+γ maxQ	1	2	3	4	5	6	7	8	閾値
1	1	1	1	4	3.20	1	0	0	0	0	0	0	0	-1
2	1	2	4	4	4.60	0	0	0	1	0	0	0	0	-1
3	1	3	7	1	4.60	0	0	0	0	0	0	1	0	-1
4	1	4	8	2	3.90	0	0	0	0	0	0	0	1	-1
5	1	5	5	2	2.50	0	0	0	0	1	0	0	0	-1
6	1	6	2	4	3.90	0	1	0	0	0	0	0	0	-1
7	1	7	5	4	4.60	0	0	0	0	1	0	0	0	-1
8	1	8	8	1	100.00	0	0	0	0	0	0	0	1	-1
9	1	9	9	1	0.00	0	0	0	0	0	0	0	0	-1
10	1	10	9	3	0.00	0	0	0	0	0	0	0	0	-1

Q学習の結果 / 入力層

状態に対応する値を1、他を0に設定（One hotエンコーディング）

手順③参照

なお、この図のように、今後は1エピソード分のみを例示します。注記しない限り、他のエピソードについても、基本は同じです。

② 重みと閾値の初期値を設定します。

通常のNN（▶5章）のときと同様、DQNのためのNNに対してもパラメータの初期値が必要です。ランダムにその値を設定します。

注 初期値によって最適化の計算が異なります。算出結果が期待通りにならないときには、色々と変えてみましょう。

隠れ層の重みと閾値（最適化前）

	1	2	3	4	5	6	7	8	閾値
1	1.34	2.28	-2.01	-1.44	1.61	0.00	1.30	1.82	0.69
2	2.04	-1.29	-1.46	-1.04	1.32	0.00	0.22	1.96	-0.55
3	-0.95	0.96	0.94	0.95	0.21	0.00	2.10	2.21	1.53
4	-1.49	-1.45	1.35	2.19	-2.27	0.00	0.33	1.80	1.47
5	1.05	1.00	1.06	-1.96	1.24	0.00	-2.00	1.70	-0.82
6	2.43	1.06	0.45	-0.69	1.23	0.00	1.28	1.63	1.05
7	0.67	0.61	0.68	-0.70	0.06	0.00	0.92	-1.31	-1.09
8	0.81	2.46	0.08	-1.93	-1.92	0.00	0.66	1.17	-1.58

隠れ層の重みと閾値の初期値を仮に設定。

§3 DQNをExcelで体験

	AA	AB	AC	AD	AE	AF	AG	AH	AI	AJ	AK
1											
2			出力層の重みと閾値（最適化前）								
3			1	2	3	4	5	6	7	8	閾値
4		1	0.14	-2.05	1.62	-1.02	-1.50	-0.77	2.02	-0.71	0.87
5		2	-0.11	2.27	1.98	-2.43	-0.37	-0.14	1.39	1.51	-1.08
6		3	-1.46	-0.51	-0.50	1.22	1.37	1.03	0.53	0.47	-0.07
7		4	2.11	-0.31	-1.88	0.80	0.64	1.00	0.87	2.09	-0.71

出力層の重みと閾値の初期値を仮に設定。

③ 隠れ層について、各ユニットの「入力の線形和」と出力を算出します。

活性化関数としてはtanhを利用しました。また、「入力の線形和」の計算を簡潔にするために、閾値のためのダミーの入力 −1 を用いています（▶5章§1）。

＜隠れ層の「入力の線形和」の算出＞

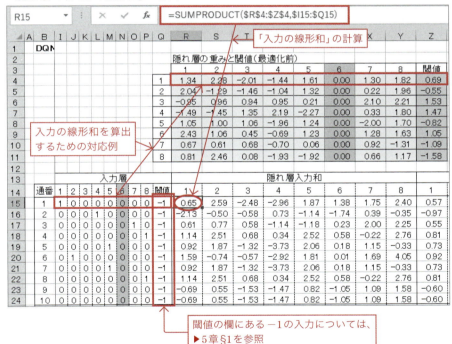

8章 DQN

<隠れ層の「出力」の算出>

セル Z15: `{=TANH(R15:Y24)}`

隠れ層の活性化関数は tanh関数を利用

通番	隠れ層入力和 1	2	3	4	5	6	7	8	隠れ層出力 1	2	3	4
1	0.65	2.59	-2.48	-2.96	1.87	1.38	1.75	2.40	0.57	0.99	-0.99	-0.99
2	-2.13	-0.50	-0.58	0.73	-1.14	-1.74	0.39	-0.35	-0.97	-0.46	-0.52	0.62
3	0.61	0.77	0.58	-1.14	-1.18	0.23	2.00	2.25	0.55	0.65	0.52	-0.81
4	1.14	2.51	0.68	0.34	2.52	0.58	-0.22	2.76	0.81	0.99	0.59	0.32
5	0.92	1.87	-1.32	-3.73	2.06	0.18	1.15	-0.33	0.73	0.95	-0.87	-1.00
6	1.59	-0.74	-0.57	-2.92	1.81	0.01	1.69	4.05	0.92	-0.63	-0.52	-0.99
7	0.92	1.87	-1.32	-3.73	2.06	0.18	1.15	-0.33	0.73	0.95	-0.87	-1.00
8	1.14	2.51	0.68	0.34	2.52	0.58	-0.22	2.76	0.81	0.99	0.59	0.32
9	-0.69	0.55	-1.53	-1.47	0.82	-1.05	1.09	1.58	-0.60	0.50	-0.91	-0.90
10	-0.69	0.55	-1.53	-1.47	0.82	-1.05	1.09	1.58	-0.60	0.50	-0.91	-0.90

④ 出力層について、各ユニットの「入力の線形和」と出力を算出します。

活性化関数としてランプ関数を利用しています(▶5章§1)。出力が0以上の任意の値をとる必要があるからです。

<出力層の「入力の線形和」の算出>

セル AI15: `=SUMPRODUCT($AC$4:$AK$4,Z15:$AH15)`

出力層の重みと閾値(最適化前)

	閾値		1	2	3	4	5	6	7	8	閾値
	0.69	1	0.14	-2.05	1.62	-1.02	-1.50	-0.77	2.02	-0.71	0.87
	-0.55	2	-0.11	2.27	1.98	-2.43	-0.37	-0.14	1.39	1.51	-1.08
	1.53	3	-1.46	-0.51	-0.50	1.22	1.37	1.03	0.53	0.47	-0.07
	1.47	4	2.11	-0.31	-1.88	0.80	0.64	1.00	0.87	2.09	-0.71
	-0.82										
	1.05										
	-1.09										
	-1.58										

入力の線形和を算出するための対応例 / 入力の線形和の計算例

通番	隠れ層出力 1	2	3	4	5	6	7	8	閾値	出力層入力和 1	2	3	4
1	0.57	0.99	-0.99	-0.99	0.95	0.88	0.94	0.98	-1	-4.30	6.04	1.20	7.03
2	-0.97	-0.46	-0.52	0.62	-0.82	-0.94	0.37	-0.33	-1	1.39	-1.96	0.69	-1.54
3	0.55	0.65	0.52	-0.81	-0.83	0.22	0.96	0.98	-1	1.88	8.59	-2.23	2.61
4	0.81	0.99	0.59	0.32	0.99	0.52	-0.22	0.99	-1	-5.17	4.39	0.73	4.30
5	0.73	0.95	-0.87	-1.00	0.97	0.18	0.82	-0.32	-1	-2.82	4.14	-0.47	3.62
6	0.92	-0.63	-0.52	-0.99	0.95	0.01	0.93	1.00	-1	0.48	3.41	0.38	6.54
7	0.73	0.95	-0.87	-1.00	0.97	0.18	-0.22	-0.32	-1	-2.82	4.14	-0.47	3.62
8	0.81	0.99	0.59	0.32	0.99	0.52	-0.22	0.99	-1	-5.17	4.39	0.73	4.30
9	-0.60	0.50	-0.91	-0.90	0.67	-0.78	0.80	0.92	-1	-1.99	5.01	1.02	2.55
10	-0.60	0.50	-0.91	-0.90	0.67	-0.78	0.80	0.92	-1	-1.99	5.01	1.02	2.55

閾値の欄の-1については、手順③及び▶5章§1を参照

§3 DQNをExcelで体験

＜出力層の「出力」の算出＞

セル AM15 : `=MAX(0,AI15)`

通番	AI 1	AJ 2	AK 3	AL 4	AM 1	AN 2	AO 3	AP 4
1	-4.30	6.04	1.20	7.03	0.00	6.04	1.20	7.03
2	1.39	-1.96	0.69	-1.54	1.39	0.00	0.69	0.00
3	1.88	8.59	-2.23	2.61	1.88	8.59	0.00	2.61
4	-5.17	4.39	0.73	4.30	0.00	4.39	0.73	4.30
5	-2.82	4.14	-0.47	3.62	0.00	4.14	0.00	3.62
6	0.48	3.41	0.38	6.54	0.48	3.41	0.38	6.54
7	-2.82	4.14	-0.47	3.62	0.00	4.14	0.00	3.62
8	-5.17	4.39	0.73	4.30	0.00	4.39	0.73	4.30
9	-1.99	5.01	1.02	2.55	0.00	5.01	1.02	2.55
10	-1.99	5.01	1.02	2.55	0.00	5.01	1.02	2.55

（出力層入力和／出力層出力）

出力層の活性化関数は ランプ関数を利用

⑤ **出力層の出力の中で実際のアクションに対応する値を抽出します。**

　出力層のユニット Z_1、Z_2、Z_3、Z_4 の出力のうち、該当ステップで実行される実際のアクションは、①の「Action a_t」欄に求められています。そのアクションに対応する出力がNNの計算値 $Q_N(s, a)$ の値になります。

セル AQ15 : `=OFFSET(AM15,0,G15-1)`

通番	episode	step	状態 s_t	Action a_t	AM 1	AN 2	AO 3	AP 4	$Q_N(s_t,a_t)$
1	1	1	1	4	0.00	6.04	1.20	7.03	7.03
2	1	2	4	4	1.39	0.00	0.69	0.00	0.00
3	1	3	7	1	1.88	8.59	0.00	2.61	1.88
4	1	4	8	2	0.00	4.39	0.73	4.30	4.39
5	1	5	5	2	0.00	4.14	0.00	3.62	4.14
6	1	6	2	4	0.48	3.41	0.38	6.54	6.54
7	1	7	5	2	0.00	4.14	0.00	3.62	3.62
8	1	8	8	1	0.00	4.39	0.73	4.30	0.00
9	1	9	9	1	0.00	5.01	1.02	2.55	0.00
10	1	10	9	3	0.00	5.01	1.02	2.55	1.02

（Q学習の結／出力層出力／誤差）

実際のアクションに対応するNNの出力値をピックアップ

⑥ **目的関数を計算します。**

　⑤の結果を利用して、NNの計算値 $Q_N(s, a)$ と式 **2** との誤差（▶式 **1**）を最初に求めます。そして、全エピソード・全ステップについて合計し、目的関数 E（▶式 **1**）を算出します。最後に、ソルバーを利用して、その E を最小化します。

8章 DQN

> **MEMO** ReLU ニューロン
>
> ランプ関数を活性化関数とするニューロンを **ReLU ニューロン**と呼びます。ランプ関数自体も ReLU 関数と呼ばれます。これは Rectified Linear Unit（正規化線形関数と訳されています）の頭文字をとった命名です。近年、その扱いやすさから、人気の高い活性化関数です。

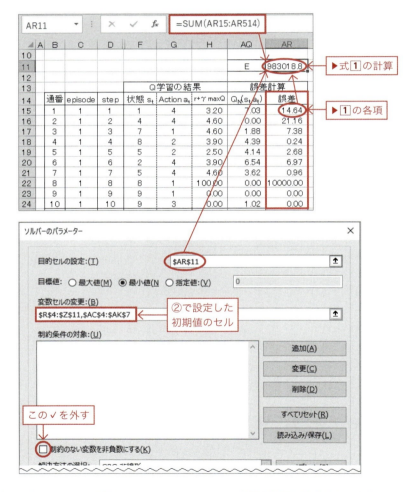

注 ソルバーは Excel の標準アドインで、インストール作業が必要な場合があります。

§3 DQNをExcelで体験

こうして、次のようにNNの「重み」と「閾値」が得られます。

<隠れ層>

	1	2	3	4	5	6	7	8	閾値
1	10.12	5.54	−1.34	−0.90	25.36	0.00	2.24	−1.38	−6.25
2	−53.48	−4.95	1.88	−9.13	19.74	0.00	0.39	15.89	0.61
3	−1.12	−1.64	0.86	5.78	0.04	0.00	32.46	4.51	−11.62
4	−1.42	−1.41	1.89	−11.57	−2.20	0.00	0.11	2.55	10.73
5	3.06	11.39	1.40	−10.83	14.83	0.00	−12.66	−35.14	−3.21
6	6.99	3.59	0.48	−0.89	14.65	0.00	−6.10	5.16	−8.24
7	0.82	0.71	0.69	3.19	0.07	0.00	1.60	2.22	−18.23
8	0.97	2.50	0.08	−12.70	65.20	0.00	0.59	1.22	−40.51

<出力層>

	1	2	3	4	5	6	7	8	閾値
1	0.15	28.02	7.06	−4.57	−13.35	−1.69	38.27	2.14	−8.15
2	−0.09	7.50	3.88	−8.58	−2.70	−0.12	3.39	4.40	−3.63
3	11.70	2.32	0.87	−5.16	−12.53	6.95	1.87	2.05	−0.11
4	50.32	17.00	−45.38	−8.85	−3.62	5.89	10.77	13.90	−8.38

⑦ **Q値を算出し、アリの行動を調べてみます。**

以上で決定されたNNからQ値を求めましょう。

8章 DQN

算出したQ値から、各部屋の出口にQ値を書き出してみましょう。そして、その最大値に従って、アリを行動（アクション）させてみます。

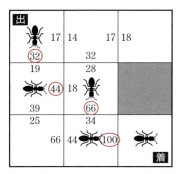

各部屋のQ値。最大値に○を付けている。

注 数値は小数部を四捨五入しています。

アリは▶7章で調べたQ学習の結果と同じ行動をとることがわかります。DQN、すなわちNNによるQ値の近似が有効であることが確認できるでしょう。

注 実用上は、このようにQ値の表は書き出せません。それができるなら、DQNは不要になります。なお、▶7章で得たQ値とは値が大きく異なっています。これは学習回数（＝50回）が少ないことが考えられます。

> **MEMO** 深層強化学習
>
> 　強化学習とディープラーニングを組み合わせたAIの技法を、一般的に**深層強化学習**と呼んでいます。その深層強化学習のなかで、最も基本的な手法の1つが、本章で調べたDQN（Deep Q−Network）です。
> 　2016年3月、Google傘下のDeepMind社が開発したAlphaGoが、世界的に著名な囲碁棋士に4勝1敗で勝ち越し、大きな話題になりました。このAlphaGoは深層強化学習を応用したものです。それは、強化学習とディープラーニングの破壊的能力を示した代表例の1つとなりました。「プロ棋士に勝てるAIは当面不可能」と信じられていたからです。今後の強化学習とディープラーニングの組み合わせを生かした技術の発展が楽しみです。

9章
ナイーブベイズ分類

ディープラーニングの発展で多少色あせた感がありますが、21世紀初頭、ベイズの理論はAIの世界で一世を風靡したことがあります。マイクロソフト社創業者のビル・ゲイツ氏が「21世紀のマイクロソフトの基本戦略はベイズテクノロジーだ」と述べたのは2001年のことです。

§1 ナイーブベイズ分類の アルゴリズム

「ベイズの定理」については▶2章§6で調べました。その最も簡単で有名な応用の1つが**ナイーブベイズ分類**です。簡単ですが、意外に役立つことが知られています。AIの目的の1つが分類や識別ですが、それが簡単に実現されるのは驚異的です。

▶ベイズフィルターのしくみ

ベイズの論理を利用した分類アルゴリズムを**ベイズフィルター**と呼びます。代表的な応用例として「迷惑メールの排除」があります。不要な情報を確率的に排除する技法です。

多くの迷惑メールには特徴的な単語が利用されています。たとえばアダルト系の迷惑メールならば「無料」、「秘密」などの単語が多用されています。これらの単語が用いられているメールは迷惑メールの「におい」がします。

逆に、迷惑メールには通常用いられない単語があります。たとえば、「科学」とか「統計」などという単語は、迷惑メールにはあまり利用されません。これらの単語が用いられているメールは通常メールの「におい」がします。このような「におい」の嗅ぎ分けをベイズの理論で行うのがベイズフィルターです。

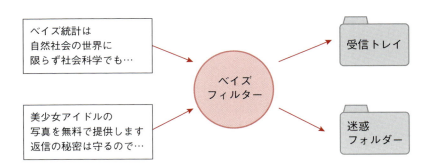

▶ ナイーブベイズ分類

　ベイズフィルターの中でも、最も単純なフィルターが**ナイーブベイズ分類**と呼ばれる方法です。ナイーブベイズ分類は、メールの中の言葉の相関を全く無視します。先に挙げた迷惑メールの例でいうと、「秘密」と「無料」の2つの言葉の間には強い相関があるはずですが、それを無いものとしてしまうのです。このように単純化しても実効性があり、多くの迷惑メールフィルターの基本に利用されています。

▶ 具体例を見る

　次の 例題 で「ナイーブベイズ分類」のしくみを調べましょう。

> **例題** 迷惑メールか通常メールかを調べるために、4つの単語「秘密」、「無料」、「統計」、「科学」に着目します。これらの単語は、次の確率で迷惑メールと通常メールに含まれることが調べられています。
>
> | 検出語 | 迷惑メール | 通常メール |
> |---|---|---|
> | 秘密 | 0.7 | 0.1 |
> | 無料 | 0.7 | 0.3 |
> | 統計 | 0.1 | 0.4 |
> | 科学 | 0.2 | 0.5 |
>
> あるメールを調べたなら、次の順でこれらの単語が検索されました。
> 　秘密、無料、科学
> このメールは迷惑メール、通常メールのどちらに分類した方がよいか、調べましょう。ただし、受信メールの中で、迷惑メールと通常メールの比率は6：4の割合とします。

　以下に、ステップを追って解いてみましょう。

9章 ナイーブベイズ分類

▶問題をベイズ風に整理

例題の整理をしましょう。なお、ここで利用する仮定やデータ、尤度などの言葉については、▶2章§6を参照してください。

まず、仮定(H)として次の2つを定義します。

仮定H	H_1	H_2
意味	受信メールは迷惑メール	受信メールは通常メール

また、データ(D)として、次の4つを定義します。

データ	意味
D_1	受信メールに「秘密」という単語が検出される
D_2	受信メールに「無料」という単語が検出される
D_3	受信メールに「統計」という単語が検出される
D_4	受信メールに「科学」という単語が検出される

尤度は題意に示されているものを、そのまま利用します。

D	H_1(迷惑メール)	H_2(通常メール)
D_1(秘密)	0.7	0.1
D_2(無料)	0.7	0.3
D_3(統計)	0.1	0.4
D_4(科学)	0.2	0.5

尤度の表

▶公式を用意

ベイズの基本公式(▶2章§6)を、この問題に合わせて書き下してみましょう。

$$P(H_i \mid D_j) = \frac{P(D_j \mid H_i)P(H_i)}{P(D_j)} \quad (i = 1、2 ; j = 1、2、3、4)$$

ここで右辺分母$P(D_j)$は言葉D_jの受信確率であり、メールが「迷惑」でも「通常」でも値は共通です。そこで、次の関係が成立します。

$$\frac{P(H_1\mid D_j)}{P(H_2\mid D_j)} = \frac{P(D_j\mid H_1)P(H_1)}{P(D_j\mid H_2)P(H_2)} \cdots \boxed{1}$$

これが論理を簡単にしてくれる秘密です。

▶事前確率の設定

これまで受信した迷惑メールと通常メールの受信数比を事前確率に利用しましょう。ここでは、題意から次のように設定します。

$$P_0(H_1) = 0.6 、 P_0(H_2) = 0.4 \cdots \boxed{2}$$

この設定を取り込めることがナイーブベイズによるフィルターの精度を高くする理由の1つです。

これまでのように表にしてみると、さらに見やすくなります。

仮定 H	H_1	H_2
事前確率	0.6	0.4

事前確率の表

▶ベイズ更新をフルに活用

例題において、最初に「秘密」D_1を得たので、それを得た後の事後確率を考えましょう。このデータD_1を得た後の事後確率$P_1(H_1\mid D_1)$、$P_1(H_2\mid D_1)$の比は$\boxed{1}$から次のように表せます。

$$\frac{P_1(H_1\mid D_1)}{P_1(H_2\mid D_1)} = \frac{P(D_1\mid H_1)P_0(H_1)}{P(D_1\mid H_2)P_0(H_2)} \cdots \boxed{3}$$

2個目に得たデータ「無料」D_2を処理しましょう。このとき、ベイズ更新を利用して、事前確率は$\boxed{2}$に代わって1回の目の事後確率$P_1(H_1\mid D_1)$、$P_1(H_2\mid D_1)$を用います。また、各データが独立していることを仮定するので、尤度は先の表の値をそのまま利用できます。すると、このデータD_2を得た後の事後確率$P_2(H_1\mid D_2)$、$P_2(H_2\mid D_2)$の比は、$\boxed{1}$から次のように表せます。

9章 ナイーブベイズ分類

$$\frac{P_2(H_1 \mid D_2)}{P_2(H_2 \mid D_2)} = \frac{P(D_2 \mid H_1)P_1(H_1 \mid D_1)}{P(D_2 \mid H_2)P_1(H_2 \mid D_1)} \cdots \boxed{4}$$

同様にして、3個目に得たデータ「科学」D_4 を処理しましょう。事前確率はベイズ更新より $P_2(H_1 \mid D_2)$、$P_2(H_2 \mid D_2)$ を用い、尤度は先の表の値をそのまま利用します。すると、データ D_4 を得た後の事後確率 $P_3(H_1 \mid D_4)$、$P_3(H_2 \mid D_4)$ の比は、$\boxed{1}$ から次のように表せます。

$$\frac{P_3(H_1 \mid D_4)}{P_3(H_2 \mid D_4)} = \frac{P(D_4 \mid H_1)P_2(H_1 \mid D_2)}{P(D_4 \mid H_2)P_2(H_2 \mid D_2)} \cdots \boxed{5}$$

データを得た後の事後確率 $\boxed{3}$ ～ $\boxed{5}$ を辺々掛け合わせて見ましょう。

$$\frac{P_1(H_1 \mid D_1)}{P_1(H_2 \mid D_1)} \frac{P_2(H_1 \mid D_2)}{P_2(H_2 \mid D_2)} \frac{P_3(H_1 \mid D_4)}{P_3(H_2 \mid D_4)}$$
$$= \frac{P(D_1 \mid H_1)P_0(H_1)}{P(D_1 \mid H_2)P_0(H_2)} \frac{P(D_2 \mid H_1)P_1(H_1 \mid D_1)}{P(D_2 \mid H_2)P_1(H_2 \mid D_1)} \frac{P(D_4 \mid H_1)P_2(H_1 \mid D_2)}{P(D_4 \mid H_2)P_2(H_2 \mid D_2)}$$

両辺を共通の項で約してみます。

$$\frac{P_3(H_1 \mid D_4)}{P_3(H_2 \mid D_4)} = \frac{P_0(H_1)}{P_0(H_2)} \frac{P(D_1 \mid H_1)}{P(D_1 \mid H_2)} \frac{P(D_2 \mid H_1)}{P(D_2 \mid H_2)} \frac{P(D_4 \mid H_1)}{P(D_4 \mid H_2)}$$

比の形にすると、さらにわかりやすいでしょう。

$$P_3(H_1 \mid D_4) : P_3(H_2 \mid D_4)$$
$$= P_0(H_1)P(D_1 \mid H_1)P(D_2 \mid H_1)P(D_4 \mid H_1) : P_0(H_2)P(D_1 \mid H_2)P(D_2 \mid H_2)P(D_4 \mid H_2)$$

これが「ナイーブベイズ分類」の結論の式です。すなわち、次の一般的な結論が得られたわけです。

全データを得た後の事後確率の比は、各メールの事前確率にデータごとの尤度を順に掛けて得られる値の比と一致する。

ところで、1通のメールが迷惑メールか通常メールかを判定するには、最後の事後確率 $P_3(H_1 \mid D_4)$、$P_3(H_2 \mid D_4)$ の大小だけが問題です。こうして、最初の事前確率に尤度を単純に掛け合わせ、結果の大小を判定するだけで、迷惑メールか通常メールの判定ができることになるのです。

以上のことを 例題 に合わせて表に示してみましょう。

	H_1(迷惑メール)	H_2(通常メール)
事前確率	0.6	0.4
秘密 (D_1)	0.7	0.1
無料 (D_2)	0.7	0.3
科学 (D_4)	0.2	0.5
最後の事後確率比	$0.6 \times 0.7 \times 0.7 \times 0.2$	$0.4 \times 0.1 \times 0.3 \times 0.5$

この表の最下行の結果から、次の結論が得られます。

$$P_3(H_1 \mid D_4) : P_3(H_2 \mid D_4) = 0.6 \times 0.7 \times 0.7 \times 0.2 : 0.4 \times 0.1 \times 0.3 \times 0.5$$
$$= 0.0588 : 0.0060$$

すなわち、

$$P_3(H_1 \mid D_4) > P_3(H_2 \mid D_4)$$

原因が「迷惑メール (H_1)」となる確率が大きいので、受信メールは「迷惑メール」と判定されることになります。

こうして、例題 の解答が得られました。そして、これがナイーブベイズ分類のアイデアのすべてです。ナイーブと名づけられるだけあって、大変計算が簡単です。この結果を一般化するのは容易でしょう。

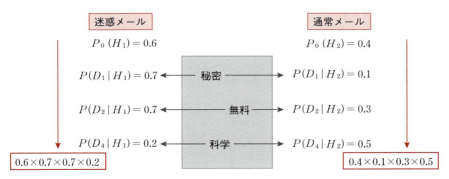

求めたい事後確率の比は、事前確率にデータごとの尤度（出現確率）を掛け合わせた値の比になる。すなわち、データが現れるたびにその尤度（出現確率）を事前確率に掛け、最後に値を比較すれば迷惑メールか通常メールかが判定できる。なお、実際の計算は、積を和に変換する対数を用いて行うのが普通。

§2 ベイズ分類をExcelで体験

ベイズの理論は、ニューラルネットワークの場合と同様、Excelのワークシートで表現するのに適しています。論理の構造がよくワークシートになじむので、しくみが見やすくなります。

▶Excelでナイーブベイズ分類

ナイーブベイズ分類の具体例で調べましょう。

> **演習** ▶ §1で調べた **例題** をExcelで確かめてみましょう。

注 本節のワークシートは、ダウンロードサイト（▶244ページ）に掲載されたファイル「9.xlsx」にあります。

以下に、ステップを追って解説します。

① 事前確率と尤度を設定します。

題意にある尤度と事前確率をワークシートにセットします。

	C	D	E
1	ナイーブベイズ分類		
2	①尤度と事前確率の設定		
3	D(検出語)	H_1(迷惑)	H_2(通常)
4	秘密	0.7	0.1
5	無料	0.7	0.3
6	統計	0.1	0.4
7	科学	0.2	0.5
8			
9		H_1(迷惑)	H_2(通常)
10	事前確率	0.6	0.4

尤度。▶ §1 **例題** の表をそのまま入力

事前確率。▶ §1 **例題** の題意、すなわち、これまで受信した迷惑メールと通常メールの数の比を入力

§ 2 ベイズ分類をExcelで体験

② データを入力します。

受信メールで検出された語を入力し、それに対する尤度を手順①の表から引用します。

D14	=IF(C14="","",OFFSET($C$3,MATCH(C14,$C$4:$C$7,0),1))

ナイーブベイズ分類

①尤度と事前確率の設定

D(検出語)	H_1(迷惑)	H_2(通常)
秘密	0.7	0.1
無料	0.7	0.3
統計	0.1	0.4
科学	0.2	0.5

	H_1(迷惑)	H_2(通常)
事前確率	0.6	0.4

メールに現れた検出語を順に入力

②データ入力とナイーブベイズ計算

No	D(検出語)	H_1(迷惑)	H_2(通常)
1	秘密	0.70	0.10
2	無料	0.70	0.30
3	科学	0.20	0.50
4			
5			

入力語の尤度を手順①の表から検索し設定

③ ナイーブベイズ計算を実行します。

独立性を仮定して事前確率と尤度を縦に掛け合わせ、同時確率の比を求めます。「迷惑」と「通常」の比の大きい方をメールの判定とします。

D21	=PRODUCT(D10,D14:D18)

ナイーブベイズ分類

	H_1(迷惑)	H_2(通常)
事前確率	0.6	0.4

②データ入力とナイーブベイズ計算

No	D(検出語)	H_1(迷惑)	H_2(通常)
1	秘密	0.70	0.10
2	無料	0.70	0.30
3	科学	0.20	0.50
4			
5			

独立性を仮定し、掛け合わせる

③ナイーブベイズ分類の計算

同時確率比	0.058800	0.006000
判定結果	迷惑メール	

迷惑メールの方の比が大きいので、「迷惑」と判定

9章 ナイーブベイズ分類

MEMO ナイーブベイズ分類は壺の問題と等価

　迷惑メールの仕分けを考えるとき、もっとも簡単な方法は**ナイーブベイズ分類法**でしょう。この分類方法は、単語の関係を無視します。一語が現れるたびに、それが迷惑メールかどうかの確率比を、ベイズの展開公式に基づいて求めます。メールの言葉をすべてスキャン後、迷惑メールの累積確率が通常メールのそれよりも大きいとき、「迷惑メール」と判断します。

　さて、このモデルは、▶2章で詳述した壺と玉の問題と等価です。たとえば、「アイドル」という単語を玉に見立ててみましょう。それが「迷惑メール」の壺から来た玉と、「正常メール」の壺から来た玉かの比を確率的に算出してみます。

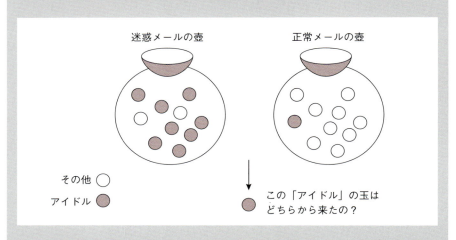

　「アイドル」の言葉の表れる尤度は、各壺に入っている玉の割合で算出されます。また、事前確率には壺の選択確率、すなわち迷惑メールと、通常メールとの経験的なメール数の比があてられることになります。

　こうして、ナイーブベイズ分類による「アイドル」に関する算出結果と、この壺のモデルによる算出結果とは等価になります。

　以上のように、「壺と玉」のモデルはベイズの理論を応用するときに強力な武器になります。複雑な問題も、一度「壺と玉」モデルに置き換えて考えると理解できることがあります。

付録

ニューラルネットワークの訓練データ

▶5章の 例題 で用いたニューラルネットのための訓練データを示します。数字「0」と「1」を4×3画素で描いています。画素は0と1の2値です。

注1 本文では網をかけた画素を1、白部分を0としています。

注2 数値化されたデータは、ダウンロードサイト（▶244ページ）のサンプルファイル「付録A.xlsx」に収められています。

§B ソルバーのインストール法

　本書の計算の強力な助手は、Excelに備わっているアドインのひとつ「ソルバー」です。このアドインによって、高度な数学を用いることなく、畳み込みニューラルネットワークのしくみを数値的に理解できるのです。

　ところで、新しいパソコンの場合、ソルバーがインストールされていない場合があります。それは「データ」タブに「ソルバー」メニューがあるかどうかで確かめられます。

　「ソルバー」のメニューがない場合には、インストール作業をする必要があります。ステップを追って調べてみましょう。

注 Excel 2013、2016の場合について調べます。

① 「ファイル」タブの「オプション」メニューをクリックします（右図）。すると、次のボックスが表示されます。

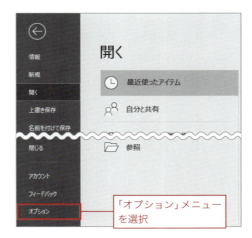

205

② 「Excelのオプション」ボックスが開かれるので、左枠の中の「アドイン」を選択します。さらに、得られたボックスの中の下にある、「Excelアドイン」を選択し、「設定」ボタンをクリックします。

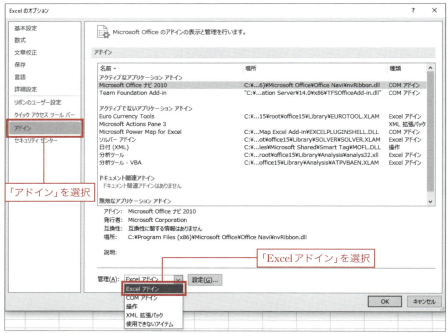

③ 「アドイン」ボックスが開かれるので、「ソルバーアドイン」にチェックを入れ、「OK」ボタンをクリックします。

§B ソルバーのインストール法

④ **インストール作業が進められます。正しくインストールされたことは②のボックスが次のようになっていることで確かめられます。**

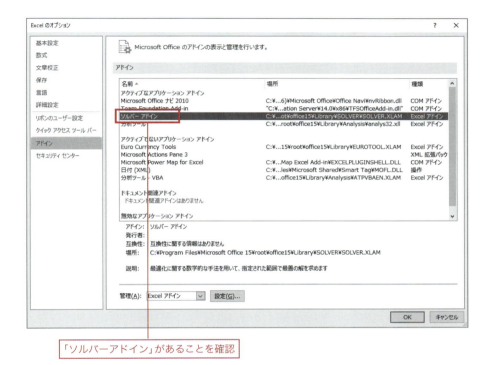

「ソルバーアドイン」があることを確認

以上の作業で、ソルバーが利用できるようになります。

§C 機械学習のためのベクトルの基礎知識

本書で利用するベクトルについて、その確認をしましょう。

▶ ベクトルの成分表示

ベクトルは大きさと方向を持つ量として定義され、矢のイメージで表現されます。このベクトルの矢を座標平面上に置くことで、ベクトルは座標のように表現できます。これをベクトルの**成分表示**といいます。例えば、平面の場合、ベクトル a は次のように表現されます。

$$a = (a_1, a_2)$$

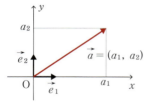

ベクトルの成分表示。「始点を原点にしたときの終点の座標が成分表示」と理解して、応用上問題は起こらない。

このようにベクトルを成分で表現すると、拡張が用意になります。抽象化して、n 次元空間のベクトルは次のように表現できます。

$$a = (a_1, a_2, \cdots, a_n) \cdots \boxed{1}$$

▶ベクトルの内積

2つのベクトル a、b のベクトルの**内積** $a \cdot b$ は次のように定義されます。

$$a \cdot b = |a||b|\cos\theta \quad (\theta は a、b のなす角) \cdots \boxed{2}$$

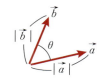

ここで、$|a|$、$|b|$ はベクトル a、b の大きさ、すなわち矢の長さを表します。

この内積の定義は平面や3次元空間では理解できますが、それ以上になるとイメージしにくくなります。そこで、式 $\boxed{1}$ の成分で内積 $\boxed{2}$ を表してみましょう。

$a = (a_1, a_2, \cdots, a_n)$、$b = (b_1, b_2, \cdots, b_n)$ のとき、

$$a \cdot b = a_1 b_1 + a_2 b_2 + \cdots + a_n b_n \cdots \boxed{3}$$

勾配降下法では、関数 $z = f(x_1, x_2, \cdots, x_n)$ の増分 Δz の近似公式が次のように表されることを利用しました（▶2章§2、付録F）。

$$\Delta z \fallingdotseq \frac{\partial z}{\partial x_1} \Delta x_1 + \frac{\partial z}{\partial x_2} \Delta x_2 + \cdots + \frac{\partial z}{\partial x_n} \Delta x_n \cdots \boxed{4}$$

式 $\boxed{3}$ と比較すると、次のベクトルの内積 $p \cdot q$ であることがわかります。

$$p = \left(\frac{\partial z}{\partial x_1}, \frac{\partial z}{\partial x_2}, \cdots, \frac{\partial z}{\partial x_n} \right), \quad q = (\Delta x_1, \Delta x_2, \cdots, \Delta x_n) \cdots \boxed{5}$$

この最初のベクトル p は関数の**勾配**と呼ばれるベクトルで、勾配降下法で活躍します。

▶ コーシー・シュワルツの不等式

内積の定義から次の公式が導出できます。

> （コーシー・シュワルツの不等式） $-|a\|b| \leqq a \cdot b \leqq |a\|b|$ … ⑥

これは次の性質を用いて、定義②からイメージ的に理解されます。

$-1 \leqq \cos\theta \leqq 1$

公式⑥から、大きさの固定された2つのベクトルの内積が最小になるのは $\cos\theta = -1$ の場合、すなわち2ベクトルが反対向きの場合（$\theta = 180°$）です。この性質から、式④が最小になるのは式⑤の2つのベクトルが反対向きのときです。

$q = -\mu p$ （μ は正の定数）

これが勾配降下法の原理となります。

§D 機械学習のための行列の基礎知識

機械学習の文献には行列（英語で matrix）が用いられます。行列を利用すると、数式表現が簡潔になるからです。ここでは、本書で必要な行列の知識を確認します。

▶行列とは

行列とは数の並びで、次のように表現されます。

$$A = \begin{pmatrix} 3 & 1 & 4 \\ 1 & 5 & 9 \\ 2 & 6 & 5 \end{pmatrix}$$

横の並びを**行**、縦の並びを**列**と言います。上の例では、3行と3列からなる行列なので、**3行3列**の行列と言います。

特に、この例のように、行と列とが同数の行列を**正方行列**と言います。また、次のような行列 X, Y を順に**列ベクトル**、**行ベクトル**と呼びます。単に**ベクトル**と呼ばれることもあります。

$$X = \begin{pmatrix} 3 \\ 1 \\ 4 \end{pmatrix}, \quad Y = \begin{pmatrix} 2 & 7 & 1 \end{pmatrix}$$

さて、行列 A をもっと一般的に表現してみましょう。

$$A = \begin{pmatrix} a_{11} & a_{12} & \cdots & a_{1n} \\ a_{21} & a_{22} & \cdots & a_{2n} \\ \vdots & \vdots & \ddots & \vdots \\ a_{m1} & a_{m2} & \cdots & a_{mn} \end{pmatrix}$$

これは m 行 n 列の行列ですが、その i 行 j 列に位置する値（**成分**といいます）を「記号 a_{ij}」などと表します。

▶行列の和と差、定数倍

2つの行列 A、B の和 $A+B$、差 $A-B$ は、同じ位置の成分どうしの和、差と定義されます。また、行列の定数倍は、各成分を定数倍したものと定義します。次の例で、この意味を確かめてください。

例2 $A = \begin{pmatrix} 2 & 7 \\ 1 & 8 \end{pmatrix}$、$B = \begin{pmatrix} 2 & 8 \\ 1 & 3 \end{pmatrix}$ のとき

$A + B = \begin{pmatrix} 2+2 & 7+8 \\ 1+1 & 8+3 \end{pmatrix} = \begin{pmatrix} 4 & 15 \\ 2 & 11 \end{pmatrix}$、 $A - B = \begin{pmatrix} 2-2 & 7-8 \\ 1-1 & 8-3 \end{pmatrix} = \begin{pmatrix} 0 & -1 \\ 0 & 5 \end{pmatrix}$

$3A = 3\begin{pmatrix} 2 & 7 \\ 1 & 8 \end{pmatrix} = \begin{pmatrix} 3\times 2 & 3\times 7 \\ 3\times 1 & 3\times 8 \end{pmatrix} = \begin{pmatrix} 6 & 21 \\ 3 & 24 \end{pmatrix}$

▶行列の積

ニューラルネットワークへの応用で特に大切なのが、行列の積です。2つの行列 A、B の積 AB は「A の i 行を行ベクトルとみなし、B の j 列を列ベクトルとみなしたとき、それらの内積を i 行 j 列の成分にした行列」と定義されます。

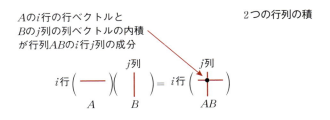

この意味を次の例で確かめてください。

例3 $A = \begin{pmatrix} 2 & 7 \\ 1 & 8 \end{pmatrix}$、$B = \begin{pmatrix} 2 & 8 \\ 1 & 3 \end{pmatrix}$ のとき

$$AB = \begin{pmatrix} 2 & 7 \\ 1 & 8 \end{pmatrix}\begin{pmatrix} 2 & 8 \\ 1 & 3 \end{pmatrix} = \begin{pmatrix} 2\cdot 2 + 7\cdot 1 & 2\cdot 8 + 7\cdot 3 \\ 1\cdot 2 + 8\cdot 1 & 1\cdot 8 + 8\cdot 3 \end{pmatrix} = \begin{pmatrix} 11 & 37 \\ 10 & 32 \end{pmatrix}$$

$$BA = \begin{pmatrix} 2 & 8 \\ 1 & 3 \end{pmatrix}\begin{pmatrix} 2 & 7 \\ 1 & 8 \end{pmatrix} = \begin{pmatrix} 2\cdot 2 + 8\cdot 1 & 2\cdot 7 + 8\cdot 8 \\ 1\cdot 2 + 3\cdot 1 & 1\cdot 7 + 3\cdot 8 \end{pmatrix} = \begin{pmatrix} 12 & 78 \\ 5 & 31 \end{pmatrix}$$

この例で分かるように、行列の積では交換法則が成立しません。すなわち、例外を除いて次の関係が成立します。

$AB \neq BA$

これが行列の最も重要な特性の1つです。

▶アダマール積

ニューラルネットワークの文献で散見されるのが「アダマール積」です。同じ形の行列 A、B において、同じ位置の成分を掛け合わせてできた行列を行列 A、B の**アダマール積**といい、記号 $A \odot B$ で表現します。

例4 $A = \begin{pmatrix} 2 & 7 \\ 1 & 8 \end{pmatrix}$、$B = \begin{pmatrix} 2 & 8 \\ 1 & 3 \end{pmatrix}$ のとき、$A \odot B = \begin{pmatrix} 2\cdot 2 & 7\cdot 8 \\ 1\cdot 1 & 8\cdot 3 \end{pmatrix} = \begin{pmatrix} 4 & 56 \\ 1 & 24 \end{pmatrix}$

▶転置行列

行列 A の i 行 j 列にある値を j 行 i 列に置き換えて得られた行列を、元の行列 A の**転置行列**（transposed matrix）といいます。${}^t A$、A^t などと表記されますが、以下では ${}^t A$ で表現します。

例5 $A = \begin{pmatrix} 2 & 7 \\ 1 & 8 \end{pmatrix}$ のとき、${}^t A = \begin{pmatrix} 2 & 1 \\ 7 & 8 \end{pmatrix}$

例6 $B = \begin{pmatrix} 1 \\ 2 \end{pmatrix}$ のとき、${}^t B = \begin{pmatrix} 1 & 2 \end{pmatrix}$

注 転置行列の記法は様々です。ニューラルネットワークの文献を読むときには注意が必要です。

▶ 行列は式を簡潔化する

　行列は式を簡潔に表現し、一般化を用意にしてくれます。例として、▶5章「ニューラルネットワーク」で調べた次の関係式を見てみましょう。

$$\delta_i^\mathrm{H} = (\delta_1^\mathrm{O} w_{1i}^\mathrm{O} + \delta_2^\mathrm{O} w_{2i}^\mathrm{O}) a'(s_i^\mathrm{H}) \quad (i = 1,\ 2,\ 3)$$

この式は隠れ層と出力層のユニットの誤差の漸化式ですが、行列で表現すると次のように表せます（▶5章 §3 MEMO ）。

$$\begin{pmatrix} \delta_1^\mathrm{H} \\ \delta_2^\mathrm{H} \\ \delta_3^\mathrm{H} \end{pmatrix} = \begin{bmatrix} w_{11}^\mathrm{O} & w_{21}^\mathrm{O} \\ w_{12}^\mathrm{O} & w_{22}^\mathrm{O} \\ w_{13}^\mathrm{O} & w_{23}^\mathrm{O} \end{bmatrix} \begin{pmatrix} \delta_1^\mathrm{O} \\ \delta_2^\mathrm{O} \end{pmatrix} \odot \begin{pmatrix} a'(s_1^\mathrm{H}) \\ a'(s_2^\mathrm{H}) \\ a'(s_3^\mathrm{H}) \end{pmatrix}$$

　上記の漸化式より全体が見え、複雑な場合にも一般化しやすくなっていることがわかります。ちなみに、[ ] の中の重みの行列は次のように表現しておくと、プログラミングで便利な場合が多いでしょう。

$$\begin{pmatrix} w_{11}^\mathrm{O} & w_{21}^\mathrm{O} \\ w_{12}^\mathrm{O} & w_{22}^\mathrm{O} \\ w_{13}^\mathrm{O} & w_{23}^\mathrm{O} \end{pmatrix} = {}^t\begin{pmatrix} w_{11}^\mathrm{O} & w_{12}^\mathrm{O} & w_{13}^\mathrm{O} \\ w_{21}^\mathrm{O} & w_{22}^\mathrm{O} & w_{23}^\mathrm{O} \end{pmatrix}$$

■ 確認問題

問 $A = \begin{pmatrix} 1 & 4 & 1 \\ 4 & 2 & 1 \end{pmatrix}$、$B = \begin{pmatrix} 2 & 7 & 1 \\ 8 & 2 & 8 \end{pmatrix}$ のとき、次の計算をしましょう。

(1) $A + B$ (2) ${}^t\!AB$ (3) $A \odot B$

解 (1) $A + B = \begin{pmatrix} 1+2 & 4+7 & 1+1 \\ 4+8 & 2+2 & 1+8 \end{pmatrix} = \begin{pmatrix} 3 & 11 & 2 \\ 12 & 4 & 9 \end{pmatrix}$ **答**

(2) ${}^t\!AB = \begin{pmatrix} 1 & 4 \\ 4 & 2 \\ 1 & 1 \end{pmatrix} \begin{pmatrix} 2 & 7 & 1 \\ 8 & 2 & 8 \end{pmatrix} = \begin{pmatrix} 1\cdot 2 + 4\cdot 8 & 1\cdot 7 + 4\cdot 2 & 1\cdot 1 + 4\cdot 8 \\ 4\cdot 2 + 2\cdot 8 & 4\cdot 7 + 2\cdot 2 & 4\cdot 1 + 2\cdot 8 \\ 1\cdot 2 + 1\cdot 8 & 1\cdot 7 + 1\cdot 2 & 1\cdot 1 + 1\cdot 8 \end{pmatrix}$

$= \begin{pmatrix} 34 & 15 & 33 \\ 24 & 32 & 20 \\ 10 & 9 & 9 \end{pmatrix}$ **答**

(3) $A \odot B = \begin{pmatrix} 1\cdot 2 & 4\cdot 7 & 1\cdot 1 \\ 4\cdot 8 & 2\cdot 2 & 1\cdot 8 \end{pmatrix} = \begin{pmatrix} 2 & 28 & 1 \\ 32 & 4 & 8 \end{pmatrix}$ **答**

§ E 機械学習のための微分の基礎知識

　機械学習が「自ら学習する」ということの数学的な意味は、訓練データに合致するようにモデルのパラメーターを決定することです。そのためには微分の計算が不可欠です。以下では、微分の細部の復習は省略し、本書で利用する公式と定理のみを確認します。

注 本書で考える関数は十分滑らかな関数とします。

▶ 微分の定義と意味

　関数 $y = f(x)$ に対して**導関数** $f'(x)$ は次のように定義されます。

$$f'(x) = \lim_{\Delta x \to 0} \frac{f(x + \Delta x) - f(x)}{\Delta x} \cdots \boxed{1}$$

注 Δ は「デルタ」と発音されるギリシャ文字で、ローマ字のDに対応します。なお、関数や変数に ´(プライム記号)を付けると、導関数を表します。

　「$\displaystyle\lim_{\Delta x \to 0}(\Delta x の式)$」とは「数 Δx を限りなく 0 に近づけたとき、(Δx の式)の近づく値」を意味します。

　与えられた関数 $f(x)$ の導関数 $f'(x)$ を求めることを「関数 $f(x)$ を**微分する**」といいます。

　$f'(x)$ の値はグラフ上の点 $(x, f(x))$ における接線の傾きとなります。

　式 $\boxed{1}$ では関数 $y = f(x)$ の導関数を $f'(x)$ で表現しましたが、異なる表記法があります。次のように分数で表現するのです。

$$f'(x) = \frac{dy}{dx}$$

§E 機械学習のための微分の基礎知識

▶機械学習で頻出する関数の微分公式

導関数を求めるのに定義式 1 を利用するのは稀です。普通は公式を利用します。ニューラルネットワークの計算で用いられる関数について、その微分公式を示しましょう（変数を x とし、c を定数とします）。

$$(c)' = 0、(x)' = 1、(x^2)' = 2x、(e^x)' = e^x \cdots \boxed{2}$$

特にニューラルネットワークの世界で重要なのがシグモイド関数の微分公式です。シグモイド関数 $\sigma(x)$ は次のように定義されます（▶5章 §1）。

$$\sigma(x) = \frac{1}{1+e^{-x}}$$

この関数の微分は次の公式を満たします。

$$\sigma'(x) = \sigma(x)\{1-\sigma(x)\} \cdots \boxed{3}$$

この公式を利用すれば、実際に微分しなくても、シグモイド関数の導関数の値が関数値 $\sigma(x)$ から得られることになります。

注 証明は略します。e はネイピア数（▶§1）です。

▶微分の性質

次の公式を利用すると、微分できる関数の世界が飛躍的に広がります。

$$\{f(x)+g(x)\}' = f'(x)+g'(x)、\{cf(x)\}' = cf'(x) \cdots \boxed{4}$$

注 組み合わせれば、$\{f(x)-g(x)\}' = f'(x)+g'(x)$ も簡単に示せます。

この公式 4 を微分の**線形性**と呼びます。

「微分の線形性」は ▶5 章で調べた誤差逆伝播法の陰の立役者になります。

例1 $e = (2-y)^2$（y が変数）のとき

$$e' = (4-4y+y^2)' = (4)' - 4(y)' + (y^2)' = 0 - 4 + 2y = -4 + 2y$$

▶1 変数関数の最小値の必要条件

導関数 $f'(x)$ が接線の傾きを表すことから、「最適化」（▶2 章 §2）で利用される次の原理が得られます。

> 関数 $f(x)$ が $x = a$ で最小値になるとき、$f'(a) = 0$ … 5

証明 $f'(a)$ が接線の傾きを表すことから、下図を見れば明らかです（**終**）

グラフで、$x = a$ で $f(x)$ が最小値のとき、その点で接線の傾き（すなわち導関数の値）は 0 になる。

応用の際、次のことも頭に入れておきましょう。

> $f'(a) = 0$ は関数 $f(x)$ が $x = a$ で最小値になるための**必要条件**である。

注 p, q を命題とするとき、「p ならば q」が正しいとき、q は p であるための**必要条件**といいます。

このことは次の関数 $y = f(x)$ のグラフを見れば明らかでしょう。注意すべきことは、極大値や極小値の点でも $f'(a) = 0$ となることです。

§E 機械学習のための微分の基礎知識

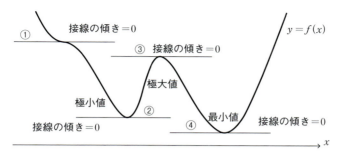

$f'(a) = 0$（接線の傾きが0、すなわち接線がx軸に平行）でも、図の①②③の場合には、関数の最小値にはならない。

▶多変数関数と偏微分

　機械学習の計算には数万にも及ぶ変数が出てきます。そこで、そのような関数に必要な多変数の微分について調べましょう。

　関数$y = f(x)$において、xを**独立変数**、yを**従属変数**といいます。式**1**の微分法の解説では、関数として独立変数が1つの場合を考えました。以下では、独立変数が2つの以上の関数を考えます。このように独立変数が2つ以上の関数を**多変数関数**といいます。

例2 $z = x^2 + y^2$

　多変数関数を視覚化するのは困難です。しかし、1変数の場合を理解していれば、その延長として理解できます。

　ところで、1変数関数を表す記号として$f(x)$などを利用しました。多変数の関数も、1変数の場合を真似て、次のように表現します。

例3 $f(x, y)$ … 2変数x、yを独立変数とする関数

例4 $f(x_1, x_2, \cdots, x_n)$ … n変数x_1, x_2, $\cdots$, x_nを独立変数とする関数

多変数関数の場合でも微分法が適用できます。ただし、変数が複数あるので、どの変数について微分するかを明示しなければなりません。この意味で、ある特定の変数について微分することを**偏微分**といいます。

例えば、2変数x, yから成り立つ関数$z = f(x, y)$を考えてみましょう。変数xだけに着目してyは定数と考える微分を「xについての偏微分」と呼び、次の記号で表します。すなわち、

$$\frac{\partial z}{\partial x} = \frac{\partial f(x, y)}{\partial x} = \lim_{\Delta x \to 0} \frac{f(x + \Delta x, y) - f(x, y)}{\Delta x}$$

yについての偏微分も同様です。

$$\frac{\partial z}{\partial y} = \frac{\partial f(x, y)}{\partial y} = \lim_{\Delta y \to 0} \frac{f(x, y + \Delta y) - f(x, y)}{\Delta y}$$

ニューラルネットワークで利用される偏微分の代表例を、以下に例で示しましょう。

例5 $z = wx + b$ のとき、$\frac{\partial z}{\partial x} = w$、$\frac{\partial z}{\partial w} = x$、$\frac{\partial z}{\partial b} = 1$

▶ 多変数関数の最小値の必要条件

滑らかな1変数関数$y = f(x)$が、あるxで最小値をとる必要条件は、そのときの導関数が0となることでした(式 **5**)。このことは、多変数関数でも同様です。例えば2変数関数では、次のように表現できます。

> 関数$z = f(x, y)$が最小値になる必要条件は、$\frac{\partial f}{\partial x} = 0$、$\frac{\partial f}{\partial y} = 0$ … **6**

この式 **6** を一般的にn変数の場合に拡張するのは容易でしょう。

なお、式 **6** が成立することは下図を見れば明らかです。関数$z = f(x, y)$が最

小となる点では、x方向、及びy方向に見てグラフはワイングラスの底のようになっているからです。

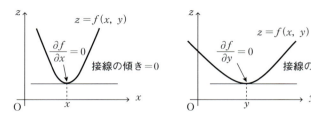

式$\boxed{6}$の意味。

先に1変数の場合に確認したように、この条件の式$\boxed{6}$は必要条件です。式$\boxed{6}$を満たしたからといって、関数$f(x, y)$がそこで最小値となる保証はありません。

例6　関数$z = x^2 + y^2$が最小になるときのx、yの値を求めましょう。

まず、x、yについて偏微分してみます。

$$\frac{\partial z}{\partial x} = 2x, \quad \frac{\partial z}{\partial y} = 2y$$

すると、式$\boxed{6}$から、関数が最小になる必要条件は$x=0$、$y=0$です。ところで、このとき関数値zは0ですが、$z = x^2 + y^2 \geqq 0$なので、この関数値0が最小値であることがわかります（▶2章§2で、このことを確かめています）。

▶チェーンルール

複雑な関数を微分する際に役立つ**チェーンルール**を調べます。

関数$y = f(u)$があり、そのuが$u = g(x)$と表されるとき、yはxの関数として$y = f(g(x))$のように入れ子構造として表せます（uやxは多変数を代表しているとみなします）。このとき、入れ子構造の関数$f(g(x))$を関数$f(u)$と$g(x)$の**合成関数**といいます。

例7 関数 $z=(2-y)^2$ は関数 $u=2-y$ と関数 $z=u^2$ の合成関数と考えられます。

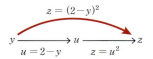

関数 $z=(2-y)^2$ は関数 $u=2-y$ と関数 $z=u^2$ の合成関数。なお、この関数の例は後に目的関数で利用される。

例8 複数の入力 x_1、x_2、…、x_n に対して、$a(x)$ を活性化関数として、ユニット出力 y は次のように求められます（▶5章§1）。

$$y = a(w_1 x_1 + w_2 x_2 + \cdots + w_n x_n - \theta)$$

w_1、w_2、…、w_n は各入力に対する重み、b はそのユニットの閾値です。この出力関数は次のように1次関数 f、活性化関数 a の合成関数と考えられます。

$$\begin{cases} z = f(x_1, x_2, \cdots, x_n) = w_1 x_1 + w_2 x_2 + \cdots + w_n x_n - \theta \\ y = a(z) \end{cases}$$

入力　　　　　重み付き入力　　　　　出力

$x_1 \; x_2 \; \cdots \; x_n \longrightarrow \begin{aligned} z &= f(x_1, x_2, \cdots, x_n) \\ &= w_1 x_1 + w_2 x_2 + \cdots + w_n x_n - \theta \end{aligned} \longrightarrow y = a(z)$

最初に1変数についての**チェーンルール**について調べましょう。

関数 $y=f(u)$ があり、その u が $u=g(x)$ と表され合成関数 $f(g(x))$ の導関数は次のように簡単に求められます。

$$\frac{dy}{dx} = \frac{dy}{du}\frac{du}{dx} \quad \cdots \boxed{7}$$

これを1変数関数の**合成関数の微分公式**と呼びます。また、**チェーンルール**、**連鎖律**などとも呼ばれます。本書ではチェーンルールという呼称を用います。

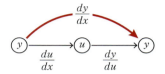

1変数関数のチェーンルール
微分は分数と同じように計算できる。

公式 7 を右辺から眺め、dx、dy、du を1つの文字とみなせば、左辺は右辺を単に約分しているだけです。この見方は常に成立します。微分を dx や dy などで表記することで、「合成関数の微分は分数と同じ約分が使える」と覚えられるのです。

注 この約分のルールは dx、dy を平方したりするときには使えません。

例9 **例1** で調べた関数 $z = (2-y)^2$ を y で微分してみましょう。

$z = u^2$、$u = 2-y$ として、

$$\frac{dz}{dy} = \frac{dz}{du}\frac{du}{dy} = 2u \cdot (-1) = -2(2-y) = -4 + 2y$$

多変数関数のときにも、チェーンルールの考え方がそのまま適用できます。分数を扱うように微分の式を変形すればよいのです。ただし、関係するすべての変数についてチェーンルールを適用する必要があるので、単純ではありません。例えば2変数の場合、次のように公式化されます。

> 変数 z が u、v の関数で、u、v がそれぞれ x、y の関数なら、z は x、y の関数です。このとき次の公式（**多変数のチェーンルール**）が成立します。
>
> $$\frac{\partial z}{\partial x} = \frac{\partial z}{\partial u}\frac{\partial u}{\partial x} + \frac{\partial z}{\partial v}\frac{\partial v}{\partial x}$$

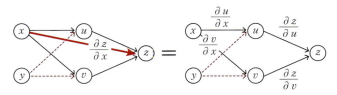

変数zがu、vの関数で、u、vがそれぞれx、yの関数なら、zをxで微分する際には、関与する変数すべてに寄り道しながら微分し掛け合わせ、最後に加え合わせる。

以上のことは、3変数以上でも同様に成立します。

例10 Cはu、v、wの関数として、次のように与えられています。

$$C = u^2 + v^2 + w^2$$

また、u、v、wはx、y、zの関数として、次のように与えられています。

$u = a_1 x + b_1 y + c_1 z$、$v = a_2 x + b_2 y + c_2 z$、$w = a_3 x + b_3 y + c_3 z$
(a_i、b_i、c_i ($i = 1, 2, 3$) は定数)

このとき、チェーンルールから、次の式が成立します。

$$\frac{\partial C}{\partial x} = \frac{\partial C}{\partial u}\frac{\partial u}{\partial x} + \frac{\partial C}{\partial v}\frac{\partial v}{\partial x} + \frac{\partial C}{\partial w}\frac{\partial w}{\partial x}$$
$$= 2u \cdot a_1 + 2v \cdot a_2 + 2w \cdot a_3$$
$$= 2a_1(a_1 x + b_1 y + c_1 z) + 2a_2(a_2 x + b_2 y + c_2 z) + 2a_3(a_3 x + b_3 y + c_3 z)$$

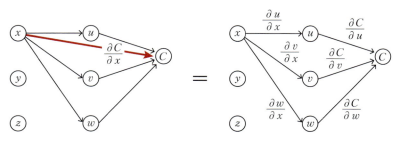

例10 の変数の関係

§F 多変数関数の近似公式

機械学習のモデルに含まれるパラメーターを決定する代表的な方法が**勾配降下法**です。この理解のために知っていると便利な公式が「多変数関数の近似公式」です。

▶ 1 変数関数の近似公式

最初に 1 変数関数 $y = f(x)$ を考えてみましょう。

関数 $y = f(x)$ において、x を少しだけ変化させたとき、y がどれくらい変化するか調べます。導関数 $f'(x)$ の定義式を見てみましょう（▶付録 E の式 1 ）。

$$f'(x) = \lim_{\Delta x \to 0} \frac{f(x+\Delta x) - f(x)}{\Delta x} \quad （▶付録 E の式 1 ）$$

この定義式の中で Δx は「限りなく小さい値」です。しかし、関数が滑らかなら、それを「小さい値」と置き換えても、大きな差は生じないでしょう。

$$f'(x) \fallingdotseq \frac{f(x+\Delta x) - f(x)}{\Delta x}$$

これを変形すれば、次の **1 変数関数の近似公式**が得られます。

$$f(x+\Delta x) \fallingdotseq f(x) + f'(x)\,\Delta x \quad （\Delta x は小さな数）\cdots \boxed{1}$$

例1 $f(x) = e^x$ のとき、$x = 0$ 近くの近似式を求めましょう。

指数関数の微分公式 $f'(x) = e^x$（▶§6）を 1 に適用して

$$e^{x+\Delta x} \fallingdotseq e^x + e^x \Delta x \quad (\Delta x は微小な数)$$

$x=0$ とし、新たに Δx を x と置き換えると、$e^x \fallingdotseq 1+x$（x は微小な数）

▶2変数関数の近似公式

1変数関数の近似式 **1** を2変数関数に拡張してみましょう。x、y を少しだけ変化させたなら、関数 $z=f(x, y)$ の値はどれくらい変化するでしょうか。その答えが次の近似公式です。Δx、Δy は小さな数とします。

$$f(x+\Delta x,\ y+\Delta y) \fallingdotseq f(x,\ y) + \frac{\partial f(x,\ y)}{\partial x}\Delta x + \frac{\partial f(x,\ y)}{\partial y}\Delta y \quad \cdots \boxed{2}$$

例2 $z=e^{x+y}$ のとき、$x=y=0$ 近くの近似式を求めましょう。

指数関数の微分公式 $\dfrac{\partial z}{\partial x} = \dfrac{\partial z}{\partial y} = e^{x+y}$（▶付録E）を公式 **2** に適用して、

$$e^{x+\Delta x+y+\Delta y} \fallingdotseq e^{x+y} + e^{x+y}\Delta x + e^{x+y}\Delta y \quad (\Delta x、\Delta y は微小な数)$$

$x=y=0$ とし、新たに Δx を x、Δy を y と置き換えると、

$$e^{x+y} \fallingdotseq 1+x+y \quad (x、y は微小な数)$$

▶多変数関数の近似公式

さて、近似式 **2** を簡潔に表現してみましょう。まず次の Δz を定義します。

$$\Delta z = f(x+\Delta x,\ y+\Delta y) - f(x,\ y)$$

x、y を順に Δx、Δy だけ変化させたときの関数 $z=f(x, y)$ の変化を表します。すると、近似公式 **2** は次のように簡潔に表現されます。

$$\varDelta z \fallingdotseq \frac{\partial z}{\partial x}\varDelta x + \frac{\partial z}{\partial y}\varDelta y \quad \cdots \boxed{3}$$

このように表現すると、近似公式$\boxed{2}$を拡張するのは簡単でしょう。例えば、変数zがn変数x_1、x_2、$\cdots$、x_nの関数$z = f(x_1, x_2, \cdots, x_n)$のとき、

$$\varDelta z = f(x_1 + \varDelta x_1, x_2 + \varDelta x_2, \cdots, x_n + \varDelta x_n) - f(x_1, x_2, \cdots, x_n)$$

を表す近似公式は次のようになります。

$$\varDelta z \fallingdotseq \frac{\partial z}{\partial x_1}\varDelta x_1 + \frac{\partial z}{\partial x_2}\varDelta x_2 + \cdots + \frac{\partial z}{\partial x_n}\varDelta x_n \quad \cdots \boxed{4}$$

§G NNにおけるユニットの誤差と勾配の関係

▶5章§3では、次の**ユニットの誤差**（errors）と呼ばれる変数 δ を導入しました。このとき、次の関係を利用しました。

注 関数や記号の意味については、本文（▶5章）を参照してください。

$$\delta_j^{\mathrm{H}} = \frac{\partial e}{\partial s_j^{\mathrm{H}}} \quad (j=1,\ 2,\ 3) \cdots \boxed{\text{G1}}$$

を用いると、

$$\frac{\partial e}{\partial w_{ji}^{\mathrm{H}}} = \delta_j^{\mathrm{H}} x_i,\quad \frac{\partial e}{\partial \theta_j^{\mathrm{H}}} = -\delta_j^{\mathrm{H}} \quad (i=1,\ 2,\ \cdots,\ 12,\ j=1,\ 2,\ 3) \cdots \boxed{\text{G2}}$$

ここでは、$i=1$、$j=1$の場合を証明しましょう。他も同様です。

偏微分のチェーンルール（▶付録E）から次の式が得られます。

$$\frac{\partial e}{\partial w_{11}^{\mathrm{H}}} = \frac{\partial e}{\partial s_1^{\mathrm{H}}} \frac{\partial s_1^{\mathrm{H}}}{\partial w_{11}^{\mathrm{H}}} \cdots \boxed{\text{G3}}$$

式 $\boxed{\text{G1}}$、及び「入力の線形和」s_1^{H} の定義（▶5章§2）から、

$$\frac{\partial e}{\partial s_1^{\mathrm{H}}} = \delta_1^{\mathrm{H}},\ s_1^{\mathrm{H}} = w_{11}^{\mathrm{H}} x_1 + w_{12}^{\mathrm{H}} x_2 + \cdots + w_{112}^{\mathrm{H}} x_{12} - \theta_1^{\mathrm{H}} \cdots \boxed{\text{G4}}$$

これらを、式 $\boxed{\text{G3}}$ に代入して、 $\dfrac{\partial e}{\partial w_{11}^{\mathrm{H}}} = \delta_1^{\mathrm{H}} x_1$

§G　NNにおけるユニットの誤差と勾配の関係

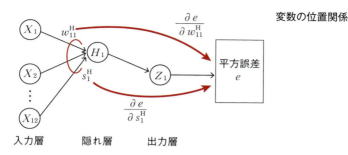

変数の位置関係

入力層　　　隠れ層　　　出力層

同様に、偏微分のチェーンルール（▶付録 E）から次の式が得られます。

$$\frac{\partial e}{\partial \theta_1^{\mathrm{H}}} = \frac{\partial e}{\partial s_1^{\mathrm{H}}} \frac{\partial s_1^{\mathrm{H}}}{\partial \theta_1^{\mathrm{H}}}$$

式 G1 、 G4 から、

$$\frac{\partial e}{\partial \theta_1^{\mathrm{H}}} = \delta_1^{\mathrm{H}}(-1) = -\delta_1^{\mathrm{H}} \quad \text{（証明完）}$$

以上で式 G2 が示せました。さらに、次の関係を証明しましょう。

$$\delta_j^{\mathrm{O}} = \frac{\partial e}{\partial s_j^{\mathrm{O}}} \quad (j=1,\ 2) \cdots \text{G5}$$

を用いると、

$$\frac{\partial e}{\partial w_{ji}^{\mathrm{O}}} = \delta_j^{\mathrm{O}} h_i \ 、\ \frac{\partial e}{\partial \theta_j^{\mathrm{O}}} = -\delta_j^{\mathrm{O}} \quad (i=1,\ 2,\ 3,\ j=1,\ 2) \cdots \text{G6}$$

ここで、$i=1$、$j=1$の場合に、式 G6 の前半を証明しましょう。他も同様です。

偏微分のチェーンルール（▶付録 E）から次の式が得られます。

$$\frac{\partial e}{\partial w_{11}^{\mathrm{O}}} = \frac{\partial e}{\partial s_1^{\mathrm{O}}} \frac{\partial s_1^{\mathrm{O}}}{\partial w_{11}^{\mathrm{O}}} \cdots \text{G7}$$

ここで、δ_1^o の定義（式 **G5**）、及び s_1^o の定義（▶5章§2）から、

$$\frac{\partial e}{\partial s_1^o} = \delta_1^o \ 、\ s_1^o = w_{11}^o h_1 + w_{12}^o h_2 + w_{13}^o h_3 - \theta_1^o$$

これらを、式 **G7** に代入して、$\dfrac{\partial e}{\partial w_{11}^o} = \delta_1^o h_1$　（**証明完**）

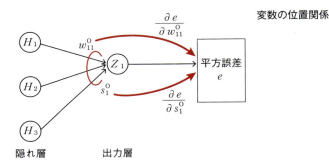

変数の位置関係

230

NNにおけるユニットの誤差の「逆」漸化式

▶5章 §3 では、次の**ユニットの誤差**（errors）と呼ばれる変数 δ を導入し、層の間の「逆」漸化式で値を求める方法を調べました。その漸化式は次の通りです。

注 関数や記号の意味については、本文（▶5章）を参照してください。

$$\delta_i^H = \frac{\partial e}{\partial s_i^H} \quad (i=1,\,2,\,3), \quad \delta_j^O = \frac{\partial e}{\partial s_j^O} \quad (j=1,\,2) \,\cdots\, \boxed{\text{H1}}$$

このとき、隠れ層の活性化関数を $h = a(s)$ とすると、

$$\delta_i^H = (\delta_1^O w_{1i}^O + \delta_2^O w_{2i}^O)\, a'(s_i^H) \quad (i=1,\,2,\,3) \,\cdots\, \boxed{\text{H2}}$$

ここで、$i=1$ の場合を証明しましょう。他も同様です。

偏微分のチェーンルール（▶付録 E）から次の式が得られます。

$$\delta_1^H = \frac{\partial e}{\partial s_1^H} = \frac{\partial e}{\partial s_1^O} \frac{\partial s_1^O}{\partial h_1} \frac{\partial h_1}{\partial s_1^H} + \frac{\partial e}{\partial s_2^O} \frac{\partial s_2^O}{\partial h_1} \frac{\partial h_1}{\partial s_1^H} \,\cdots\, \boxed{\text{H3}}$$

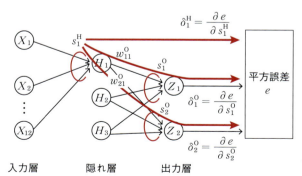

H3 で関係する変数の位置付け。チェーンルールを利用するとき、平方誤差 e には2つのルートでたどり着く。

ここで定義式 H1 から、

$$\frac{\partial e}{\partial s_1^O} = \delta_1^O,\quad \frac{\partial e}{\partial s_2^O} = \delta_2^O \cdots \text{H4}$$

また、s_j^O と h_j ($j=1$、2、3) の関係は次の式で与えられます（▶5章§2）。

$$\left.\begin{array}{l} s_1^O = w_{11}^O h_1 + w_{12}^O h_2 + w_{13}^O h_3 - \theta_1^O \\ s_2^O = w_{21}^O h_1 + w_{22}^O h_2 + w_{23}^O h_3 - \theta_2^O \end{array}\right\} \cdots \text{H5}$$

この式 H5 から、

$$\frac{\partial s_1^O}{\partial h_1} = w_{11}^O,\quad \frac{\partial s_2^O}{\partial h_1} = w_{21}^O \cdots \text{H6}$$

さらに、隠れ層の活性化関数が $a(s)$ なので、

$$\frac{\partial h_1}{\partial s_1^H} = a'(s_1^H) \cdots \text{H7}$$

式 H3 に式 H4、H6、H7 を代入して、

$$\delta_1^H = (\delta_1^O w_{11}^O + \delta_2^O w_{21}^O) a'(s_1^H) \cdots \text{H8}$$

こうして目標の式 H2 で、$i=1$ とした場合が得られました。
δ_2^H、δ_3^H も同様に求められます。これらの式をまとめたのが式 H2 です。

（証明完）

なお、本文でも示したように、式 H2 はネットワークの計算方向とは逆に、δ_1^O、δ_2^O から δ_1^H、δ_2^H、δ_3^H を求める形をしています。ネットワークとは逆方向の漸化式を与えているのです。

§1 RNNにおけるユニットの誤差と勾配の関係

リカレントニューラルネットワーク（RNN）の誤差逆伝播法（BPTT）で用いる次の関係式（▶6章 §1）を証明します。

注 関数や記号の意味については、本文（▶6章）を参照してください。

（隠れ層）$\delta_j^{H(1)} = \dfrac{\partial e}{\partial s_j^{H(1)}}$、$\delta_j^{H(2)} = \dfrac{\partial e}{\partial s_j^{H(2)}}$ $(j = 1, 2)$ … [1]

（出力層）$\delta_i^{O} = \dfrac{\partial e}{\partial s_i^{Z}}$ $(i = 1, 2, 3)$ … [2]

のとき、

$$\begin{pmatrix} \dfrac{\partial e}{\partial w_{11}^{H}} & \dfrac{\partial e}{\partial w_{12}^{H}} & \dfrac{\partial e}{\partial w_{13}^{H}} & \dfrac{\partial e}{\partial \theta_1^{H}} \\ \dfrac{\partial e}{\partial w_{21}^{H}} & \dfrac{\partial e}{\partial w_{22}^{H}} & \dfrac{\partial e}{\partial w_{23}^{H}} & \dfrac{\partial e}{\partial \theta_2^{H}} \end{pmatrix} \quad \cdots \text{[3]}$$

$$= \begin{pmatrix} \delta_1^{H(1)} & \delta_1^{H(2)} \\ \delta_2^{H(1)} & \delta_2^{H(2)} \end{pmatrix} \begin{pmatrix} x_1^{(1)} & x_2^{(1)} & x_3^{(1)} & -1 \\ x_1^{(2)} & x_2^{(2)} & x_3^{(2)} & -1 \end{pmatrix}$$

$$\begin{pmatrix} \dfrac{\partial e}{\partial w_{11}^{O}} & \dfrac{\partial e}{\partial w_{12}^{O}} & \dfrac{\partial e}{\partial \theta_1^{O}} \\ \dfrac{\partial e}{\partial w_{21}^{O}} & \dfrac{\partial e}{\partial w_{22}^{O}} & \dfrac{\partial e}{\partial \theta_2^{O}} \\ \dfrac{\partial e}{\partial w_{31}^{O}} & \dfrac{\partial e}{\partial w_{32}^{O}} & \dfrac{\partial e}{\partial \theta_3^{O}} \end{pmatrix} = \begin{pmatrix} \delta_1^{O} & \delta_1^{O} & \delta_1^{O} \\ \delta_2^{O} & \delta_2^{O} & \delta_2^{O} \\ \delta_3^{O} & \delta_3^{O} & \delta_3^{O} \end{pmatrix} \odot \begin{pmatrix} h_1^{(2)} & h_2^{(2)} & -1 \\ h_1^{(2)} & h_2^{(2)} & -1 \\ h_1^{(2)} & h_2^{(2)} & -1 \end{pmatrix} \cdots \text{[4]}$$

これらの式の証明は、基本的にニューラルネットワーク（NN）の場合と同様です。ただし、NNと異なり、RNNの場合、隠れ層の重みや閾値が時系列を追うごとに何回も現れるので、計算が複雑に見えます。

そこで、1文字目の処理に関する重みや閾値については、上付きの文字(1)を付加することにします。また、2文字目の処理に関する重みや閾値について、上付きの文字(2)を付加することにします（下図）。

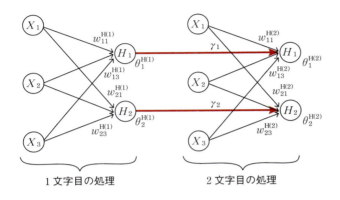

1文字目に関する重みや閾値には(1)を、2文字目に関する重みや閾値については(2)を付加して区別。

このように区別された重み$w_{ji}^{H(1)}$、$w_{ji}^{H(2)}$は共通のパラメーターw_{ji}の関数と考えます。

閾値についても同様で、$\theta_j^{H(1)}$、$\theta_j^{H(2)}$は共通のパラメーターθ_j^Hの関数と考えます（$i = 1, 2, 3$、$j = 1, 2$）。

注 当然ですが、$w_{ji}^{H(1)} = w_{ji}^{H(2)} = w_{ji}^H$、$\theta_j^{H(1)} = \theta_j^{H(2)} = \theta_j^H$です。

偏微分のチェーンルール（▶付録E）から、例えば次の式が得られます。

$$\frac{\partial e}{\partial w_{11}^H} = \frac{\partial e}{\partial w_{11}^{H(1)}} \frac{\partial w_{11}^{H(1)}}{\partial w_{11}^H} + \frac{\partial e}{\partial w_{11}^{H(2)}} \frac{\partial w_{11}^{H(2)}}{\partial w_{11}^H}$$

$$= \frac{\partial e}{\partial s_1^{H(1)}} \frac{\partial s_1^{H(1)}}{\partial w_{11}^{H(1)}} \frac{\partial w_{11}^{H(1)}}{\partial w_{11}^H} + \frac{\partial e}{\partial s_1^{H(2)}} \frac{\partial s_1^{H(2)}}{\partial w_{11}^{H(2)}} \frac{\partial w_{11}^{H(2)}}{\partial w_{11}^H}$$

$$= \delta_1^{H(1)} x_1^{(1)} \frac{\partial w_{11}^{H(1)}}{\partial w_{11}^H} + \delta_1^{H(2)} x_1^{(2)} \frac{\partial w_{11}^{H(2)}}{\partial w_{11}^H}$$

ここで、$w_{11}^{H(1)} = w_{11}^{H(2)} = w_{11}^H$なので、

$$\frac{\partial e}{\partial w_{11}^{\mathrm{H}}} = \delta_1^{\mathrm{H}(1)} x_1^{(1)} + \delta_1^{\mathrm{H}(2)} x_1^{(2)}$$

こうして、式 13 の 1 要素が証明されます。他の重みと閾値についても同様に算出できます。

出力層に関する勾配の式 14 の導出法は、ニューラルネットワークの場合（▶付録 G）と同様です。

§J BP、BPTTで役立つ漸化式の復習

　誤差逆伝播法（▶4、5章）は、数列と漸化式に親しみがあれば、大変理解しやすい内容です。そこで、簡単な例を通しておさらいしましょう。

　漸化式に親しむことは、コンピューターで実際に計算する際に大いに役立ちます。コンピューターは微分が苦手ですが、漸化式は得意だからです。

▶ 数列の意味と記号

数列とは「数の列」です。次の例は「偶数列」と呼ばれる数列です。

例1　2, 4, 6, 8, 10, …

　数列の n 番目にある数を、通常 a_n などと表現します。a はその数列に付けられた名前です。（数列名 a は適当に付けますが、ローマ字またはギリシャ文字の1文字を利用するのが普通です。）

例2　例1に示した偶数列の一般項は、$a_n = 2n$

▶ 数列と漸化式

　一般に、数列の最初の数 a_1 と、隣り合う2つの項 a_n、a_{n+1} の関係式が与えられれば、その数列 $\{a_n\}$ が確定します。この関係式を**漸化式**といいます。

§J　BP、BPTTで役立つ漸化式の復習

例3 初項$a_1 = 1$と関係式$a_{n+1} = a_n + 2$が与えられたとします。このとき、次のように数列が確定します。この関係式が漸化式です。

$a_1 = 1$、$a_2 = a_{1+1} = a_1 + 2 = 1 + 2 = 3$、$a_3 = a_{2+1} = a_2 + 2 = 3 + 2 = 5$、

$a_4 = a_{3+1} = a_3 + 2 = 5 + 2 = 7$、$\cdots$

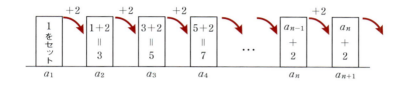

§K RNNにおけるユニットの誤差の「逆」漸化式

リカレントニューラルネットワーク（RNN）の誤差逆伝播法（BPTT）で用いる次の関係式（▶6章 §2）を証明します。

注 関数や記号の意味については、本文（▶6章）を参照してください。

（隠れ層）$\delta_j^{H(1)} = \dfrac{\partial e}{\partial s_j^{H(1)}}$、$\delta_j^{H(2)} = \dfrac{\partial e}{\partial s_j^{H(2)}}$　$(j=1,\ 2)$ ⋯ **K1**

（出力層）$\delta_i^{O} = \dfrac{\partial e}{\partial s_i^{O}}$　$(i=1,\ 2,\ 3)$ ⋯ **K2**

のとき、

$$\begin{pmatrix} \delta_1^{O} \\ \delta_2^{O} \\ \delta_3^{O} \end{pmatrix} = -\begin{pmatrix} t_1 - z_1 \\ t_2 - z_2 \\ t_3 - z_3 \end{pmatrix} \odot \begin{pmatrix} a'(s_1^{O}) \\ a'(s_2^{O}) \\ a'(s_3^{O}) \end{pmatrix} \cdots \mathbf{K3}$$

$$\begin{pmatrix} \delta_1^{H(2)} \\ \delta_2^{H(2)} \end{pmatrix} = \left[\begin{pmatrix} w_{11}^{O} & w_{21}^{O} & w_{31}^{O} \\ w_{12}^{O} & w_{22}^{O} & w_{32}^{O} \end{pmatrix} \begin{pmatrix} \delta_1^{O} \\ \delta_2^{O} \\ \delta_3^{O} \end{pmatrix} \right] \odot \begin{pmatrix} a'(s_1^{H(2)}) \\ a'(s_2^{H(2)}) \end{pmatrix} \cdots \mathbf{K4}$$

$$\begin{pmatrix} \delta_1^{H(1)} \\ \delta_2^{H(1)} \end{pmatrix} = \begin{pmatrix} \delta_1^{H(2)} \\ \delta_2^{H(2)} \end{pmatrix} \odot \begin{pmatrix} \gamma_1 \\ \gamma_2 \end{pmatrix} \odot \begin{pmatrix} a'(s_1^{H(1)}) \\ a'(s_2^{H(1)}) \end{pmatrix} \cdots \mathbf{K5}$$

▶式 K3 の証明

偏微分のチェーンルール（▶付録 E）から、定義 K2 及び▶6 章 §1 式 1 より、

$$\delta_1^{\mathrm{O}} = \frac{\partial e}{\partial s_1^{\mathrm{O}}} = \frac{\partial e}{\partial z_1} \frac{\partial z}{\partial s_1^{\mathrm{O}}} = -(t_1 - z_1) a'(s_1^{\mathrm{O}})$$

δ_2^{O}、δ_3^{O} も同様に求められます。これらの式をまとめたのが式 K3 です。

▶式 K5 の証明

$\delta_1^{\mathrm{H}(1)}$ について調べましょう。偏微分のチェーンルール（▶付録 E）から、定義 K1 より、

$$\delta_1^{\mathrm{H}(1)} = \frac{\partial e}{\partial s_1^{\mathrm{H}(1)}} = \frac{\partial e}{\partial s_1^{\mathrm{H}(2)}} \frac{\partial s_1^{\mathrm{H}(2)}}{\partial h_1^{(1)}} \frac{\partial h_1^{(1)}}{\partial s_1^{\mathrm{H}(1)}}$$

▶6 章 §1〔表 3〕の式から、

$$s_1^{\mathrm{H}(2)} = (w_{11}^{\mathrm{H}} x_1^{(2)} + w_{12}^{\mathrm{H}} x_2^{(2)} + w_{13}^{\mathrm{H}} x_3^{(2)}) + \gamma_1 h_1^{(1)} - \theta_1^{\mathrm{H}}$$
$$h_1^{(1)} = a(s_1^{\mathrm{H}(1)})$$

変数の関係

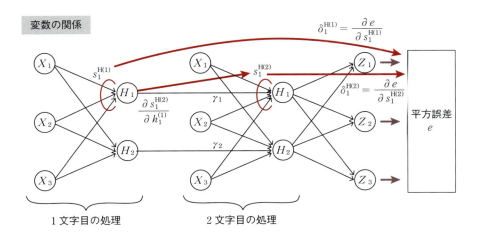

よって、微分を計算すると、次の式が得られます。

$$\delta_1^{H(1)} = \frac{\partial e}{\partial s_1^{H(2)}} \frac{\partial s_1^{H(2)}}{\partial h_1^{(1)}} \frac{\partial h_1^{(1)}}{\partial s_1^{H(1)}} = \delta_1^{H(2)} \gamma_1 a'(s_1^{H(1)})$$

$\delta_2^{H(1)}$ についても同様です。これらの式をまとめたのが式 K5 です。

▶ 式 K4 の証明

$\delta_1^{H(2)}$ について調べましょう。偏微分のチェーンルール（▶付録 E）から、定義 K1 より、

$$\delta_1^{H(2)} = \frac{\partial e}{\partial s_1^{H(2)}}$$

$$= \frac{\partial e}{\partial s_1^O} \frac{\partial s_1^O}{\partial h_1^{(2)}} \frac{\partial h_1^{(2)}}{\partial s_1^{H(2)}} + \frac{\partial e}{\partial s_2^O} \frac{\partial s_2^O}{\partial h_1^{(2)}} \frac{\partial h_1^{(2)}}{\partial s_1^{H(2)}} + \frac{\partial e}{\partial s_3^O} \frac{\partial s_3^O}{\partial h_1^{(2)}} \frac{\partial h_1^{(2)}}{\partial s_1^{H(2)}}$$

▶ 6章 §1 の〔表3〕の式から、

$$s_k^O = (w_{k1}^O h_1^{(2)} + w_{k2}^O h_2^{(2)}) - \theta_k^O \quad (k=1,\ 2,\ 3)$$
$$h_1^{(2)} = a(s_1^{H(2)})$$

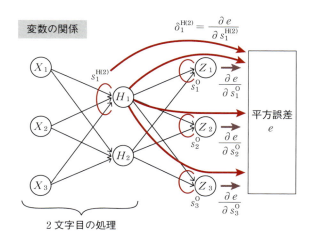

§K　RNNにおけるユニットの誤差の「逆」漸化式

よって、微分を計算すると、次の式が得られます。

$$\delta_1^{H(2)} = \delta_1^O w_{11}^O a'(s_1^{H(2)}) + \delta_2^O w_{21}^O a'(s_1^{H(2)}) + \delta_3^O w_{31}^O a'(s_1^{H(2)})$$
$$= a'(s_1^{H(2)})(\delta_1^O w_{11}^O + \delta_2^O w_{21}^O + \delta_3^O w_{31}^O)$$

$\delta_2^{H(2)}$も同様に求められます。これらの式をまとめたのが式 K4 です。

なお、本文でも示したように、式 K4 、 K5 はネットワークの計算方向とは逆向きの関係を与えています。ネットワークとは逆方向の漸化式を与えているのです。

重回帰方程式の求め方

▶3章§1では、3変数の場合について、重回帰分析の回帰方程式の導出原理を調べました。そこでは、具体的な式の変形は省略しましたが、その式変形を追ってみましょう。

n 個の要素からなる右の資料があり、y を目的変数とし、w、x を説明変数とする回帰方程式を次のように置きます（a、b、c は定数）。

番号	w	x	y
1	w_1	x_1	y_1
2	w_2	x_2	y_2
3	w_3	x_3	y_3
…	…	…	…
n	w_n	x_n	y_n

$$y = aw + bx + c$$

すると予測値と実測値との誤差の総和 E は次のように表せます。

$$E = \{y_1 - (aw_1 + bx_1 + c)\}^2 + \{y_2 - (aw_2 + bx_2 + c)\}^2 \\ + \cdots + \{y_n - (aw_n + bx_n + c)\}^2 \quad \cdots \boxed{L1}$$

これを最小にする a、b、c は次の関係を満たします。

$$\frac{\partial E}{\partial a} = 0,\quad \frac{\partial E}{\partial b} = 0,\quad \frac{\partial E}{\partial c} = 0 \quad \cdots \boxed{L2}$$

この最後の微分式を実際に計算してみましょう。

$$\frac{\partial E}{\partial c} = -2[\{y_1 - (aw_1 + bx_1 + c)\} + \{y_2 - (aw_2 + bx_2 + c)\} \\ + \cdots + \{y_n - (aw_n + bx_n + c)\}] = 0$$

展開し、まとめ直してみましょう。

$$y_1 + y_2 + \cdots + y_n = a(w_1 + w_2 + \cdots + w_n) + b(x_1 + x_2 + \cdots + x_n) + nc$$

両辺を n で割ると、平均値の定義から次の式が得られます。

$$\bar{y} = a\bar{w} + b\bar{x} + c \quad \cdots \boxed{L3} \quad (\bar{w}、\bar{x}、\bar{y} は w、x、y の平均値)$$

§L 重回帰方程式の求め方

この式 L3 から c を求め、式 L1 式に代入してみましょう。

注 以下、計算式が長くなるので、式 L1 の最初と最後の項のみを表記します。

$$E = \{y_1 - \bar{y} - a(w_1 - \bar{w}) - b(x_1 - \bar{x})\}^2$$
$$\cdots + \{y_n - \bar{y} - a(w_n - \bar{w}) - b(x_n - \bar{x})\}^2$$

この式を利用して、微分式 L2 の残りの計算を実行してみます。

$$\frac{\partial E}{\partial a} = -2[\{y_1 - \bar{y} - a(w_1 - \bar{w}) - b(x_1 - \bar{x})\}(w_1 - \bar{w})$$
$$+ \cdots + \{y_n - \bar{y} - a(w_n - \bar{w}) - b(x_n - \bar{x})\}(w_n - \bar{w})] = 0$$

$$\frac{\partial E}{\partial b} = -2[\{y_1 - \bar{y} - a(w_1 - \bar{w}) - b(x_1 - \bar{x})\}(x_1 - \bar{x})$$
$$+ \cdots + \{y_n - \bar{y} - a(w_n - \bar{w}) - b(x_n - \bar{x})\}(x_n - \bar{x})] = 0$$

展開し、変数ごとにまとめて両辺を n で割ってみましょう。w、x の分散を s_w^2、s_x^2 とし、y との共分散を s_{wy}、s_{xy} とすると、次の式が得られます。

$$\left. \begin{array}{l} s_w^2 a + s_{wx} b = s_{wy} \\ s_{wx} a + s_x^2 b = s_{xy} \end{array} \right\} \cdots \text{L4}$$

注 分散、共分散については、統計学のテキストを参照してください。

この式 L4 と L3 が、a、b、c を求める連立方程式を作ります。データから平均値と分散、共分散を求め、実際にこの連立方程式を解くと、パラメーター a、b、c の値が得られます。

MEMO　分散共分散行列

式 L4 は行列の形で次のように表せます。

$$\begin{pmatrix} s_w^2 & s_{wx} \\ s_{wx} & s_x^2 \end{pmatrix} \begin{pmatrix} a \\ b \end{pmatrix} = \begin{pmatrix} s_{wy} \\ s_{xy} \end{pmatrix}$$

このように表すると、4変数以上の重回帰分析に一般化することが容易になります。ちなみに、$\begin{pmatrix} s_w^2 & s_{wx} \\ s_{wx} & s_x^2 \end{pmatrix}$ を**分散共分散行列**といいます。

Excel サンプルファイルのダウンロードについて

本文中で使用するExcelのサンプルファイルをダウンロードすることができます。手順は次のとおりです。

❶ 「https://gihyo.jp/book/2019/978-4-297-10683-6/support」にアクセス
❷ 「サンプルファイルのダウンロードは以下をクリックしてください」の下にある「excel_kikai_sample.zip」をクリック
❸ 任意の場所に保存

■ サンプルファイルの内容

項目名	ページ	ファイル名	概要
2章の内容をExcelで体験	P15〜	2_i.xlsx	機械学習の基本数学を解説。(iは節番号)
3章の内容をExcelで体験	P55〜	3.xlsx	線形予測のしくみを解説。
4章の内容をExcelで体験	P67〜	4.xlsx	SVMの考えを確認。
5章の内容をExcelで体験	P81〜	5_1.xlsx 5_4.xlsx	ユニットのしくみを解説。 NNのしくみを解説。
6章の内容をExcelで体験	P111〜	6.xlsx	RNNのしくみを解説。
7章の内容をExcelで体験	P133〜	7.xlsx	Q学習のしくみを解説。
8章の内容をExcelで体験	P161〜	8_x.xlsx	DQNのしくみを解説。
9章の内容をExcelで体験	P179〜	9.xlsx	ナイーブベイズを解説。
付録Aの内容をExcelで体験	P204	付録A.xlsx	5章の訓練データを収録。

なお、ワークシートのタブ名には、その処理内容を付しています。

> **注意**
> - 本書は、Excel 2013、2016で執筆しています。他のバージョンでの動作検証はしておりません。
> - ダウンロードファイルの内容は、予告なく変更することがあります。
> - ファイル内容の変更や改良は自由ですがサポートは致しておりません。

索引

記号

∇	34
γ	156
γ_j	124
δ	103
ε	159
ε-greedy法	159
η	28
θ_j^{H}	94,124
θ_k^{O}	94,124
1ステップQ学習	166
1変数関数の近似公式	225
2変数関数の近似公式	226
2変数の場合の勾配降下法	30

英字

action	148
agent	148
AI	12
AI採用	65
Bellman最適方程式	146
BP	129
BPTT	128,133
BP法	101
CNN	100
DQN	174
exploit	160,172
explore	160,172
greedy	160
h_j	94
LINEST	67
MATCH	172
NN	120
n変数の場合の勾配降下法	31
One hotエンコーディング	121
$P(B|A)$	49
Q学習	144,174
Q値	150
RAND	42
RANDBETWEEN	42
ReLU	87
ReLUニューロン	190
RNN	120
s_j^{H}	94,124
s_k^{O}	94,124
SUMPRODUCT	90
SVM	72
tanh	87,184
w_{ji}^{H}	94,124
w_{kj}^{O}	94,124
x_i	94
z_k	94

ア行

アクション	148,174
アクションコード	162,183
アダマール積	130,213
イータ	28
閾値	86,88
一様乱数	42
一点交叉	45
遺伝的アルゴリズム	43,44
イプシロン	159
エージェント	148
エキスパートシステム	13
エピソード	150
重み	86,88

カ行

回帰直線	63
回帰の重み	124
回帰平面	63,63
回帰方程式	20,63
学習データ	15,62
学習率	156
隠れ層	92
画素パターン	92
価値	150
活性化関数	87
仮定	52,196
環境	148
機械学習	13,70
期待報酬	156,184
強化学習	13,16,144,174
教師あり学習	15
教師なし学習	15
行ベクトル	211

245

索引

行列 114,211	サポートベクトル 75	正解変数 99
局所解問題 43,46	識別 14	正規乱数 42
グリーディ 160	識別関数 72	成分 212
訓練データ 15	識別直線 73	成分表示 208
原因の確率 52	シグモイド関数 87	正方行列 211
交叉 45	時系列 120	正例 75
合成関数 221	事後確率 54	接線の傾き 219
行動 148	事前確率 54,197	説明変数 63
勾配 27,209	重回帰分析 62	全確率の定理 53
勾配降下法 25,102,225	重回帰方程式 242	漸化式 131,236
コーシー・シュワルツの不等式	修正 ε-greedy 法 160	線形関数 87
.... 210	従属変数 219	線形性 218
誤差 180	周辺尤度 54	線形の識別関数 73
誤差関数 24	出力層 92	選択 44
誤差逆伝播法 99,101,129	条件付き確率 49	双対問題 35
誤差の総和 98	状態 148,174	即時報酬 153
コスト関数 24	状態番号 149	ソルバー 22,68,83,184,205
個体 44	乗法定理 50	損失関数 24
コンテキストノード 132,136	進化的アルゴリズム 48	
	進化的計算 48	**タ行**
サ行	神経細胞 86	畳み込みニューラルネットワーク
最急降下法 25	人工知能 12	 100
最小2乗法 18	人工ニューロン 86	多変数関数 219
最適化 18,98	深層強化学習 192	多変数関数の近似公式 226
最適化されたパラメーター	数列 236	単回帰分析 63
.... 21	ステップ 149	探検する 160
最適化問題 18	ステップサイズ 28	チェーンルール 221
サポートベクター 74	ステップ幅 28	遅延報酬 158
サポートベクターマシン 72	正解付きデータ 16	壺の問題 56

246

ディープラーニング 85,100	パラメーター名 92	ユニットの誤差
データ 52,196	判別分析 70	101,103,129,228
デルタ 103	ビットストリング型GA.........43	ユニット名............................92
転置行列 213	必要条件 218	予測 14
点と直線の距離の公式...........76	微分 216	予測対象 16
導関数 216	不定性 74	予測値...................................64
統計学 70	負例 75	
独立変数 219	分散共分散行列 243	**ラ行・ワ行**
突然変異 45	分類 14	ラグランジュ双対.................35
	ベイジアンネットワーク 60	ラグランジュの緩和法..........35
ナ行	ベイズ更新 197	ラベル付きデータ 16
ナイーブベイズ分類 195,200	ベイズの基本公式..........60,196	乱数 42
内積 209	ベイズの定理 49,50	ランプ関数 87,184
ニューラルネットワーク	ベイズフィルター 194	リカレントニューラルネットワーク
......................67,86,91,120	平方誤差 19,98,99	120
入力層 92	ベクトル 208	理由不十分の原則.................57
入力の線形和 86	部屋 149	列ベクトル..........................211
ニューロン 86	偏回帰係数 63	連鎖率..................................223
ノード 60,86	偏微分 219	割引率..................................155
	報酬 148	
ハ行		
ハイパボリックタンジェント	**マ行・ヤ行**	
....87	マージンの最大化.................72	
配列数式 169	魅力度 150	
バックプロパゲーションスルータイム 128	目的関数 19,64,98,180	
バックプロパゲーション法	目的変数 63	
....101	モンテカルロ法 40	
ハミルトン演算子..................34	尤度 54,196	
	ユニット 86	

247

Profile

涌井 良幸（わくい よしゆき）

1950年、東京都生まれ。東京教育大学（現・筑波大学）数学科を卒業後、千葉県立高等学校の教職に就く。
教職退職後はライターとして著作活動に専念。

涌井 貞美（わくい さだみ）

1952年、東京生まれ。東京大学理学系研究科修士課程修了後、富士通、神奈川県立高等学校教員を経て、サイエンスライターとして独立。

本書へのご意見、ご感想は、技術評論社ホームページ（http://gihyo.jp/）または以下の宛先へ、書面にてお受けしております。電話でのお問い合わせにはお答えいたしかねますので、あらかじめご了承ください。

〒162-0846　東京都新宿区市谷左内町21-13
株式会社技術評論社　書籍編集部
『Excelでわかる機械学習 超入門』係
FAX：03-3267-2271

●装丁：小野貴司
●本文：BUCH⁺

Excelでわかる機械学習 超入門
―AIのモデルとアルゴリズムがわかる

2019年7月20日　初版　第1刷発行

著　　者　涌井良幸・涌井貞美
発　行　者　片岡 巌
発　行　所　株式会社技術評論社
　　　　　　東京都新宿区市谷左内町21-13
　　　　　　電話　03-3513-6150販売促進部
　　　　　　　　　03-3267-2270書籍編集部
印刷／製本　日経印刷株式会社

定価はカバーに表示してあります。

本の一部または全部を著作権の定める範囲を超え、無断で複写、複製、転載、テープ化、あるいはファイルに落とすことを禁じます。
造本には細心の注意を払っておりますが、万一、乱丁（ページの乱れ）や落丁（ページの抜け）がございましたら、小社販売促進部までお送りください。
送料小社負担にてお取り替えいたします。

©2019 涌井良幸、涌井貞美
ISBN978-4-297-10683-6 C3055
Printed in Japan